畜禽高效养殖技术问答

主编　杨琼 刘进远　陈瑾

ChuQin GaoXiao YangZhi JiShu WenDa

四川科学技术出版社

图书在版编目（CIP）数据

畜禽高效养殖技术问答 / 杨琼，刘进远，陈瑾主编.
— 成都：四川科学技术出版社，2021.9（2025.2 重印）

ISBN 978-7-5727-0301-0

Ⅰ.①畜… Ⅱ.①杨… ②刘… ③陈… Ⅲ.①畜禽-饲养管理-问题解答 Ⅳ.①S815-44

中国版本图书馆 CIP 数据核字（2021）第 193546 号

畜禽高效养殖技术问答
CHUQIN GAOXIAO YANGZHI JISHU WENDA

出品人 程佳月
主　编 杨　琼　刘进远　陈　瑾
策划编辑 何　光
责任编辑 李　珉　王　娇
责任出版 欧晓春
出版发行 四川科学技术出版社
地址：四川省成都市锦江区三色路 238 号新华之星 A 座
官方微博：http://weibo.com/sckjcbs
官方微信公众号：sckjcbs
传真：028-86361756
成品尺寸 146mm×210mm
印　张 7.25
字　数 145 千字
印　刷 成都市新都华兴印务有限公司
版　次 2021 年 9 月第 1 版
印　次 2025 年 2 月第 5 次印刷
定　价 38.00 元

ISBN 978-7-5727-0301-0

主编简介

杨琼，女，1974年7月生，汉族，副教授，就职于成都农业科技职业学院，主要从事“养禽与禽病防治”和“动物疫病总论”等课程的理论与实践教学，以及畜禽健康养殖技术研究和技术推广工作，教学科研成绩显著。主持和参与国家、省、市等各级科研项目20项，参编大学教材及著作3部，发表论文近20篇，获四川省科技进步二等奖2项，四川省教师教学能力大赛三等奖、校级教师教学能力大赛二等奖、学院优秀教师和优秀科技人员等奖励和荣誉称号。

刘进远，男，1971年10月生，汉族，中共党员，研究员，就职于四川省畜牧科学研究院，主要从事动物营养与饲料研究及其科技推广工作。已主持和参与国际、省部级科技项目36项，制（修）定省级地方标准5项，获授权专利4

项，获软件著作权7项，发表论文39篇，主编、参编著作各2部；开展科研成果、新品种、新技术和科普知识的推广，创造了良好的社会经济效益。获四川省科技进步二等奖2项、第27届中国西部地区优秀图书三等奖1项、中共四川省委、省人民政府脱贫攻坚“五个一”驻村帮扶先进个人。

陈瑾，女，汉族，1982年8月出生，副研究员，中共党员。就职于四川省畜牧科学研究院，主要从事研究无抗生态养殖营养调控技术的工作。主持及参与省、部级科研项目20余项。获四川省科技进步二等奖1项，制定地方标准4项，授权国家专利5项，获得计算机软件著作权6项，发表论文14篇，参编著作2部，其中1部获第27届中国西部地区优秀图书三等奖。

本书编委会

顾　　问　蒋小松　付茂忠　何志平　邹成义　王振华

主　　任　刘进远

副 主 任　杨　琼　杨加豹　李　斌

编　　委　陈　瑾　陈晓春　邓　卉　韩　笑　李　韵

　　　　　鲁志平　欧红萍　屈　东　杨　霞　殷明郁

　　　　　余　丹　俞　宁　张　敏

主　　编　杨　琼　刘进远　陈　瑾

副 主 编　韩　笑　杨加豹

参编人员（排名不分先后）

　　　　　陈晓春　邓　卉　李　斌　李　韵　鲁志平

　　　　　倪青松　欧红萍　屈　东　杨　霞　殷明郁

　　　　　余　丹　俞　宁　张　敏　刘亚男　邓继辉

　　　　　黄雅杰

主　　审　邹成义

内容提要

农业产业是农村各项事业可持续发展的基础。为促进乡村畜禽产业的发展，提高当前生猪、鸡和牛的养殖技术水平，必须为乡村畜禽产业的振兴提供技术支撑。本书以生猪、鸡和牛高效和安全养殖为主题，结合科研新成果和生产实际，以一问一答的形式撰写而成。该书共分四部分，第一部分介绍猪的品种，哺乳仔猪、保育猪、生长肥育猪和种猪的饲养管理，以及猪常见疾病和非洲猪瘟等内容；第二部分介绍关于鸡的品种、场址选择、人工授精、孵化技术、饲养管理和疾病预防与控制等方面的内容；第三部分介绍关于牛的品种、奶牛的饲养管理、肉牛的饲养管理、牛病防治等方面的内容；第四部分介绍投入品饲料和兽药的高效与安全使用技术。

该书理论联系实际，技术实用，可操作性强，可供从事生猪、蛋（肉）鸡和肉（奶）牛养殖的技术人员、管理人员、养殖场户、基层畜牧兽医工作者使用和参考。

前言

我国是畜禽养殖大国，丰富的畜禽产品，显著改善了我国居民的膳食结构，不断提高了人民的生活水平。养殖业是脱贫致富和乡村振兴的重要途经。近年来，随着我国的畜禽养殖方式逐步从传统向现代转变，安全、高效、优质和绿色发展已成为养殖业发展的方向。

针对目前畜禽养殖现状和畜禽高效养殖技术的需要，结合科研成果和生产实际，四川省畜牧科学研究院的专家与成都农业科技职业技术学院的教授共同编写了《畜禽高效养殖技术问答》一书。该书内容以一问一答的形式撰写而成，包括生猪、蛋（肉）鸡和奶（肉）牛的品种、饲养管理、疾病防控、畜禽养殖投入品饲料和兽药的高效与安全使用技术等内容。

需要特别说明的是，本书所用的药物及使用计量和治疗方案仅供参考。在生产实际中，药物通用名称和商品名称有差异，药物浓度有所不同，不同药物生产厂家的推荐治疗方案也有所不同。因此，在治疗动物疾病时，建议职业兽医在使用每种药物之前，参阅厂商提供的产品说明书，以确认药物用量、用药方法、用药时间及禁忌等内容；职业兽医还应根据经验和患病动物的实际情况，决定用药量及选择适宜的治疗方案。同时，畜禽养殖从业者要严格遵守国家对兽药管理的相关规定，养殖畜禽时正规用药和严格执行休药期，避免滥用和非法使用兽药，降低养殖畜禽对抗生素的耐药性、保障产品安全和降低环境污染。

参与编写本书者是长期从事畜禽科研、教学和生产的中高级专业技术人员，不仅具有深厚的专业基础知识，而且具有丰富的生产实践经验。该书知识性强，简洁易懂，具有可操作性，可供从事畜禽养殖的技术人员、工人、养殖场（户）、专业合作社以及新型职业农民和基层畜牧兽医工作者使用。

本书在编写过程中，参考了一些专家、学者撰写的文献资料，恕不一一列出，在此向原作者表示感谢。本书能够顺利出版，还要感谢四川省科学技术厅科技培训项目［2021JDKP0024］的资助。

由于编写人员水平有限，书中难免存在疏漏和不足之处，敬请读者批评指正。

目录

第一部分 猪高效安全养殖技术问答

第二部分 鸡高效养殖技术问答

第三部分　牛高效安全养殖技术问答

第四部分　饲料和兽药高效安全使用

第一部分

猪高效安全养殖技术问答

一、猪的品种

1. 我国有哪些地方猪种?

根据《国家畜禽遗传资源品种名录（2021年版）》，目前我国的地方猪种有安庆六白猪、八眉猪、巴马香猪、白洗猪、保山猪、滨湖黑猪、藏猪、岔路黑猪、成华猪、大花白猪、大围子猪、德保猪、滇南小耳猪、东串猪、二花脸猪、碧湖猪、大蒲莲猪、枫泾猪、阳新猪、枣庄黑盖猪、赣中南花猪、高黎贡山猪、关岭猪、官庄花猪、桂中花猪、海南猪、汉江黑猪、杭猪、河套大耳猪、湖川山地猪、华中两头乌猪、淮猪、槐猪、嘉兴黑猪、江口萝卜猪、姜曲海猪、金华猪、莱芜猪、兰溪花猪、兰屿小耳猪、蓝塘猪、乐平猪、里岔黑猪、两广小花猪、隆林猪、马身猪、梅山猪、米猪、民猪、闽北花猪、明光小耳猪、浦东白猪、确山黑猪、嵊县花猪、乌金猪、南阳黑猪、黔北黑猪、荣昌猪、桃园猪、五莲黑猪、内江猪、黔东花猪、撒坝猪、皖南黑猪、五指山猪、宁乡猪、黔邵花猪、沙乌头猪、皖浙花猪、武夷黑猪、莆田猪、清平猪、深县猪、圩猪、仙居花猪、香猪、沂蒙黑猪、雅南猪、粤东黑猪、丽江猪、湘西黑猪、玉江猪和烟台黑猪。下面简要介绍几个地方猪种。

（1）太湖猪

二花脸猪、枫泾猪、嘉兴黑猪、梅山猪、米猪、沙乌头猪等猪种归并为太湖猪。太湖猪主要分布于长江下游地区的太湖流域，是我国猪种中繁殖力强、产仔数多的著名地方品种。

①体型特征　体型较大，体质疏松。黑或青灰色，四肢、鼻均为白色，腹部紫红，被毛稀疏。头大额宽，面部微凹，额部有皱纹。耳大皮厚、耳根软、下垂。背腰宽而微凹，腹大下垂，臀宽而倾斜，大腿欠丰满，后躯皮肤有皱褶。

②生产性能　25～75 千克体重阶段，平均日增重为 440 克，每千克增重耗料 4 千克。75 千克屠宰时，屠宰率 65%～70%，胴体瘦肉率 38.8%～45.0%。太湖猪早熟易肥，肉质鲜美独特，肌肉 pH 值为 6.55，肌间脂肪含量为 1.37% 左右，肌肉大理石纹评分为 3 分。

③繁殖性能　性成熟早，繁殖性能高，是我国乃至全世界猪种中繁殖力最强，产仔数量最多的优良品种，尤以二花脸、梅山猪最高。初产母猪窝产仔数平均为 12 头，经产母猪窝产仔数 16～20 头，优秀的母猪窝产仔数可达 26 头。公猪 4～5 月龄时其精子品质可达到成年猪水平，2 月龄的母猪可出现发情。母猪的泌乳力高，起卧谨慎，护仔性很强。公猪成年体重为 128～192 千克，母猪成年体重为 102～172 千克。

④杂交利用　太湖猪遗传性能较稳定，与瘦肉型猪种的杂交优势强。常用作第一（长×太）杂交母本，进行三元杂交。杜×长×太或约×长×太[①]三元杂交组合保持了亲本产仔数多、

① 长：长白猪；太：太湖猪；杜：杜洛克猪；约：约克夏猪。后同。

瘦肉率高、生长速度快、肉质特性较好等特点。

（2）荣昌猪

荣昌猪主产于重庆荣昌区和四川隆昌市两地，现分布于全国除台湾省以外的20多个省、市、自治区，是我国三大地方优良猪种之一。

①体型特征　体型较大，结构匀称，毛稀，鬃毛洁白、粗长、钢韧。狮子头、黑眼眶，俗称"戴眼镜的熊猫猪"。全身除眼部四周或头部有黑斑外，其余被毛白色；头大小适中，额皱纹横行、有旋毛，嘴短三道箍，耳大小适中、下垂。体躯较长，背腰微凹，腹大而深，臀部稍倾斜，四肢细致、坚实。

②生产性能　具有早熟、易肥、肉质佳、脂肪多的特点。耐粗饲，适应性和抗病力较强，适应农区青饲料和糠麸等农副产物多的饲养条件。在中等营养水平条件下，饲养到7～8月龄时，体重可达到80千克，肥育期平均日增重400克左右，屠宰率68.8%，瘦肉率42.0%，腿臀比例为29%。

③繁殖性能　性成熟早，母猪性情温顺，繁殖力强。公猪2月龄时精液中可发现成熟的精子，4月龄时已进入性成熟期，5～6月龄时可开始配种；母猪初情期平均出现在2～3月龄，6月龄以后可以配种。据研究人员的研究，在保种场饲养条件下，成年公猪体重在170千克左右，成年母猪体重在160千克左右。初产母猪窝产仔数为8～9头，仔猪初生个体平均重0.77千克、42日龄断奶个体平均重10.03千克；3胎以上经产母猪窝产仔数11～12头，仔猪初生个体平均重0.85千克、42日龄断奶个体平均重11.85千克，60日龄成活数9～10头。

④杂交利用　荣昌猪具有适应性强、瘦肉率较高、配合力好等特点。适合与长白、约克夏、杜洛克等猪种进行经济杂交

利用，其杂交后代的生长肥育性能、繁殖性能、肉质性状等都能得到很大的提高和改善。

（3）内江猪

内江猪产于四川省内江市东兴区、威远县、隆昌市、资中县，成都市简阳市等地区。内江猪抗逆性强，在33.5℃高温下增重比长白猪快、饲料利用率高，在海拔3 400米的生态条件下也能正常生长、繁殖，因而分布较广。

①体型特征　体型较大，体质疏松。被毛全黑，鬃毛粗长。头较大、粗重，嘴筒短，额面横纹深陷成沟，额头皮肤中部隆起成块，称“盖碗”，耳中等大小、下垂。体躯宽深，背腰微凹，腹大不拖地，臀宽稍后倾，四肢较粗壮，皮厚。

②生产性能　具有增重快、适应性强、耐粗饲的特点。在较好饲养条件下，生长育肥猪7月龄时体重可达90千克，日增重562克，每千克增重耗料3.4千克，屠宰率68.6%；饲喂含量16%的高纤维日粮条件下，内江猪的平均日采食量为1.74千克，日增重为410克，分别比长白猪高8.75%和8.05%。

③繁殖性能　性成熟较早，中等繁殖力。一般公猪在5~6月龄时开始配种，利用期3~5年。母猪初次发情在4月龄左右，在6月龄时初次配种，母猪窝产仔数9~10头。母猪利用年限较长，最适繁殖期为2~7岁。初产母猪平均窝产仔猪9.04头，经产母猪为10.5头。公猪成年体重平均为170千克，母猪成年体重平均为155千克。

④杂交利用　内江猪是杂种优势利用的良好亲本之一，但存在屠宰率较低、皮较厚等缺点。采用长白、约克夏、杜洛克等引进的瘦肉型良种猪与内江猪进行二元、三元杂交，其后代杂交优势明显。

（4）成华猪

成华猪主产于四川省成都平原。

①体型特征　头较轻，额面皱纹少，嘴筒长短适中，耳较小、下垂，颈粗短。背腰宽、稍凹陷，腹圆略下垂，臀部丰满，四肢直立、端正、蹄小，乳头6~7对。被毛黑色、稀疏。

②生产性能　在中等营养水平条件下，生长育肥猪7.5月龄时体重可达93.1千克，平均日增重为535克，屠宰率72.0%，胴体瘦肉率41.2%~46.1%。

③繁殖性能　性成熟较早，6月龄的后备公猪，当体重达到50千克时开始初配。母猪初次发情期为88日龄，一般于6~8月龄、体重达到约70千克时开始初配。经产母猪窝产仔数10~11头。初生仔猪平均窝重8.69千克，60日龄平均断奶窝重104.1千克，断奶仔猪成活数9~10头。

④杂交利用　用长白、杜洛克等引进瘦肉型猪与成华猪进行二、三元杂交，可提高其后代肉猪的瘦肉率。屠宰体重90千克时，杜×成、汉×成[①]二元杂交猪的瘦肉率为53%~54%；杜×（长×成）、汉×（长×成）三元杂交猪的瘦肉率可达57%及以上。

（5）藏猪

藏猪产于我国青藏高原海拔2 500~4 300米的农牧地区，是我国唯一在高原、高寒地区放牧饲养的较原始的小型猪种之一，具有很强的高海拔环境适应能力。主要分布在西藏的林芝、昌都、山南、拉萨，四川的甘孜、阿坝，云南的迪庆和甘肃的甘南等地区。藏猪具有皮薄、胴体瘦肉率高、肌肉纤维特细、肉质鲜美等特点。

---

① 成：成华猪；汉：汉普夏猪。后同。

①体型特征　被毛多黑色，少数猪为棕色，也有仔猪被毛有棕黄色纵行条纹。鬃毛长、密而坚韧，被毛下绒毛密集，抗寒性强。体型小，头长嘴尖，耳小直立、转动灵活。体躯较窄，背腰平直或微弓，后躯较前躯略高，臀部倾斜，四肢结实，体躯紧凑。具有善于奔跑，视觉发达，嗅觉灵敏，耐寒耐粗饲，抗病力和抗逆性较强等特点。

②生产性能　据研究人员研究，他们通过对59头后备藏猪进行生长发育性能测定，发现2月龄至6月龄的藏猪自由采食能消化13.38兆焦/千克、含粗蛋白质16.5%的日粮，藏公猪、藏母猪的全期平均日增重分别为160克、192克，每千克增重耗料分别为3.59千克和3.32千克。12月龄的藏猪平均体重为77.36千克，屠宰率74.19%，瘦肉率39.72%，日增重为234克。

③繁殖性能　据研究人员报告，引进的藏猪在舍饲条件下，藏公猪和藏母猪初配年龄分别为5月龄和6月龄，适宜配种体重约为30千克。初产母猪、二胎母猪、经产母猪的平均窝产活仔数分别为5.62头、7.07头、7.98头。仔猪初生个体重平均为0.77千克，断奶重平均为5千克左右，仔猪断奶成活率为60%~76%。

④杂交利用　藏猪与其他猪种杂交后，其后代的生长速度和繁殖性能有明显提高。据研究人员报告，藏×梅①杂交组合，其平均窝产活仔数、断奶仔猪成活数分别比纯种藏猪增加了3.49头、3.81头，存活率分别比纯种藏猪提高了48%、72%；藏×梅杂交后代母猪的6月龄体重也比藏母猪提高65%，增重速度提高73%。

（6）金华猪

金华猪是我国优良的地方猪种之一，产于浙江东阳、义乌、

---

① 藏：藏猪；梅：梅山猪。后同。

金华等地。利用金华猪后腿制成的金华火腿驰名国内外。

①体型特征　金华猪躯干为白色，头颈、臀尾两部分为黑色，又称“两头乌”。体型中等，皮薄、毛稀、骨细，耳下垂，颈粗短，背腰宽而微凹陷，腹大微下垂，臀部倾斜，四肢细短，蹄质坚实呈玉色。

②生产性能　金华猪早熟易肥、肉质细嫩多汁，适宜腌制火腿和腊肉。育肥期日增重350～470克，每千克增重耗料3.65千克，育肥猪适宜屠宰体重为70～75千克，屠宰率为70%～72%，瘦肉率为40%～45%。

③繁殖性能　具有性成熟早、繁殖力高、繁殖年限长、性情温驯等特点，母猪还具有母性好和产仔多等优良特性。公、母猪一般在5～6月龄可配种。经产母猪每窝产仔数为13～14头，产活仔数12～13头，60日龄断奶窝重100～130千克。

④杂交利用　金华猪遗传性能稳定、杂种优势良好，已被广泛用作杂交母本。可以与瘦肉型猪，如大约克、汉普夏、杜洛克、长白猪等父本进行二元、三元杂交，其杂种后代的日增重、饲料利用效率、瘦肉率均有较大提高。

2．我国引入的猪品种

（1）大约克夏猪

大约克夏猪又称大白猪，原产英国约克夏郡，是世界著名的瘦肉型猪种。其具有繁殖性能好，增重速度快，饲料利用率高，胴体瘦肉率高等特点。

①体型特征　体型较大，被毛全白，头颈较长，鼻面直或微凹，耳直立，背腰平直，四肢健壮而结实。肌肉发达，后腿臀丰满。

②生产性能　适应性强，增重快，饲料利用率高。据丹麦

国家测定中心资料，在体重30~100千克阶段，公猪平均日增重982克，每千克增重耗料2.28千克，瘦肉率65.9%。100千克体重屠宰时，屠宰率70%以上，眼肌面积30平方厘米以上，胴体瘦肉率62%~65%，后腿比例32%~35%。肉质优良。

③繁殖性能　母猪初次发情期在165~195日龄，7~8月龄开始配种，母猪发情周期为20~23天，发情持续期为3~4天，初产母猪窝产仔数在9头以上，经产母猪窝产仔数在12头以上。

④杂交利用　大约克夏猪在我国推广面较大，在杂交配套生产体系中主要用作母本，也可用作父本。在商品瘦肉型猪生产中作父本，杂交改良我国的地方品种，生产二元杂交猪；在外二元杂交组合中作母本，生产长×大[①]杂交猪；在外三元杂交组合中作第一母本，生产长×大母猪，再与终端父本杜洛克杂交生产出杜×长×大三元杂交猪，可获得较高的增重和胴体瘦肉率。

（2）长白猪

长白猪原产于丹麦，原名兰德瑞斯猪，是目前世界上分布最广的瘦肉型品种之一。

①体型特征　体躯长，被毛白色。头小颈轻，颜面平直，鼻嘴狭长，耳较大且向前倾或下垂；背腰平直，后躯发达，腿臀丰满，体躯呈前轻后重，体质结实，四肢坚实。

②生产性能　据丹麦测试，公猪平均日增重950克，平均每千克增重耗料2.38千克，瘦肉率65.2%；母猪平均日增重840克，瘦肉率65.5%。在我国，长白猪日增重为600~800克，平均每千克增重耗料2.94千克，胴体瘦肉率61.5%。

③繁殖性能　母猪初次发情期在6月龄，一般在8~10月

① 大：大约克夏猪。后同。

龄、体重达 120 千克时开始配种，母猪发情周期为 21 ~23 天，发情持续期为 2 ~3 天，初产母猪窝产仔数 9 头以上，经产母猪窝产仔数 12 头以上，60 日龄窝重 150 千克以上。成年公猪体重为 400 ~500 千克，成年母猪体重约 300 千克。

④杂交利用　用长白猪作父本，进行二元或三元杂交均有良好的杂交效果，可用作洋三元杂交的终端父本，生产杜 ×（大 × 长）杂交猪。

（3）杜洛克猪

杜洛克猪原产于美国，于 19 世纪 60 年代在美国东北部由美国纽约红毛杜洛克猪、新泽西州的泽西红毛猪及康涅狄格州的红毛巴克夏猪杂交育成，是世界著名的瘦肉型猪种之一。

①体型特征　杜洛克猪全身毛色棕色，体躯高大，粗壮结实，肌肉发达，属瘦肉型肉用品种。头大小适中，颜面稍凹，嘴筒短直。耳中等大小，向前倾，耳尖稍弯曲。胸宽深，背腰略呈拱形，腹线平直，四肢强健。

②生产性能　6 月龄的杜洛克猪体重可达到 100 千克，平均每千克增重耗料不足 2. 8 千克；100 千克体重时屠宰，屠宰率 70% 以上，背膘可厚达 18 毫米，眼肌面积 33 平方厘米以上，后腿比例 32%，瘦肉率 62% 以上。

③繁殖性能　性成熟较晚。6 ~7 月龄开始发情，一般在 7 ~8 月龄、体重达 120 千克时配种。繁殖性能较低，初产母猪窝产仔 9 头左右，经产母猪窝产仔 10 头左右。在仔猪初生窝重方面，初产母猪的窝重平均为 10. 1 千克，二产母猪的窝重平均为 11. 2 千克，个体初生重平均为 1. 3 千克。第 1 个发情周期平均为 21. 2 天，范围是 17 ~19 天；第 1 到第 5 个发情周期平均为 21. 7 天，范围是 15 ~29 天。平均妊娠期为 114. 1 天。成年公猪

体重340~450千克，成年母猪体重300~390千克。

④杂交利用　杜洛克母猪具有繁殖力差、产仔少、早期缺乳等缺点，所以在二元杂交中，一般都用作父本；在三元杂交中作终端父本，生产杜×（长×大）商品猪，该猪产肉性能优良。

（4）汉普夏猪

汉普夏猪原产于英国南部，由美国选育而成。体型大、体躯较长，后躯丰满，肌肉发达。

①体型特征　毛色特征突出，被毛以黑色为主，肩颈结合部有一条白带环绕，肩和前肢也是白色，故有“白肩猪”之称。头中等大小，颜面直，耳向上直立。中躯较宽，背腰呈拱形，背最长肌和后躯肌肉发达。

②生产性能　据研究人员报告，经过选育后的汉普夏新品系肉猪，160日龄时活重可达90千克，25~90千克体重阶段平均日增重819克，平均每千克增重耗料2.88千克，胴体瘦肉率达到65.3%。肉质较好。

③繁殖性能　性成熟晚，母猪一般在6~7月龄开始发情，繁殖性能较低，初产母猪窝产仔数7~8头，经产母猪窝产仔数8~9头，成年公猪体重为315~410千克，成年母猪体重为250~340千克。

④杂交利用　汉普夏猪常作为商品猪的终端父本，其杂交后代具有胴体长、背膘薄和眼肌面积大、瘦肉率高的优点。

（5）皮特兰猪

皮特兰猪原产于比利时的布拉邦特地区的皮特兰镇，故取名皮特兰猪。在选育过程中，用本地猪与法国的贝衣猪杂交后，又导入英国的泰姆沃斯猪的血统杂交选育而成，是世界公认的高瘦肉型猪品种。但皮特兰猪对饲养条件、环境卫生条件要求较高。

母猪初产容易发生难产，对不良刺激易产生较大的应激反应。

①体型特征　毛色呈灰白色，皮肤上带有不规则的黑色或灰色斑块，偶尔出现少量棕色毛。头部清秀，颜面平直，嘴大且直，双耳略微向前；体躯呈圆柱形，腹部平直，肩部和臀部宽厚、肌肉丰满，但四肢较弱。

②生产性能　具有瘦肉率高、背膘薄、眼肌面积大的优点。瘦肉率可达73%，背膘厚0.98厘米，眼肌面积43平方厘米。研究人员在同等饲养条件下，对皮特兰、杜洛克及正、反杂交猪进行育肥试验，饲喂日粮营养水平前期消化能13.21兆焦/千克、粗蛋白质17.56%；后期消化能12.46兆焦/千克、粗蛋白质14.96%。其结果为，皮特兰、杜洛克纯种猪以及皮×杜、杜×皮杂交猪的日增重分别为711克、783克、815克和794克；每千克增重耗料分别为3.30千克、3.11千克、2.90千克、3.08千克；瘦肉率分别为71.2%、66.0%、69.5%、68.7%。皮特兰猪瘦肉率高，与杜洛克猪杂交后，其增重和饲料报酬都有所提高。但皮特兰猪较其他猪种更容易因应激反应而产生PSE（白肌肉）猪肉。

③繁殖性能　繁殖能力中等，母猪产仔均衡，母性好。母猪的初次发情时间在7月龄，到8月龄体重达90千克时开始配种。每胎产仔数10头左右，产活仔数9头左右。

④杂交利用　皮特兰猪瘦肉率高，是良好的终端父本。据研究人员报告，皮×杜杂交组合，其产仔数平均为10.5头，活产仔数平均为9.8头，30日龄仔猪断奶个体重可达8.3千克，均高于皮特兰、杜洛克纯种猪和杜×皮杂交组合，其生长育肥猪的生产性能也较高。

3. 我国有哪些培育猪品种及配套系？

根据培育猪品种（系）的形成过程，培育方式可以归纳为三种。第一种是利用原有血统混乱的杂种猪群，加以选育而成。第二种是以原有杂种群为基础，再用一个或两个外国引进品种杂交后自群繁育。第三种是按照事先拟定的育种计划和方案，有计划地进行杂交、横交和自群繁育。

培育品种既保留了我国地方猪种适应性强、耐粗饲、繁殖率高、肉质好的优良特性，同时在肥育性能和胴体瘦肉率等方面具有国外猪种的生长快、饲料消耗低、胴体瘦肉率较高等特点。根据外貌大致分为白猪、黑猪和黑白花猪。

根据《国家畜禽遗传资源品种名录（2021年版)》，我国培育的猪品种，含家猪与野猪杂交后代及配套系，主要有新淮猪、山西黑猪、光明猪配套系、大河乌猪、鲁烟白猪、上海白猪、三江白猪、深农猪配套系、中育猪配套系、鲁农I号猪配套系、北京黑猪、湖北白猪、军牧1号白猪、华农温氏I号猪配套系、渝荣I号猪配套系、伊犁白猪、浙江中白猪、苏太猪、鲁莱黑猪、豫南黑猪、汉中白猪、南昌白猪、冀合白猪配套系、滇撒猪、滇陆猪、松辽黑猪、苏姜猪、吉神黑猪、湘村黑猪、江泉白猪配套系、苏淮猪、川藏黑猪、苏山猪、龙宝1号猪、温氏WS501猪配套系、天府肉猪、晋汾白猪、宣和猪、湘沙猪39个。

二、哺乳仔猪的饲养管理

4. 如何接产?

(1) 做好产前准备

计算好预产期，在母猪产前一周，应彻底清扫并消毒产房，干燥后垫上切短的垫草，准备好接生工具，主要有麻袋片、毛巾、剪刀、消毒液、碘酒、药棉等。母猪分娩多在夜间，因此要安排专人值夜班，随时准备接产。

（2）掌握母猪分娩的时间和过程

母猪临产时，主要表现腹部膨大下垂，乳房膨胀，乳头外张，用手挤乳头时有几乎透明、稍带黄色、有黏性的乳汁排出，多从前边乳头开始。初乳一般在产前数小时或一昼夜开始分泌，亦有个别产后才分泌的。若母猪阴部松弛红肿，尾根两侧稍凹陷，骨盆开张，行动不安，这种现象出现后6～12小时即要产仔。若母猪呼吸加快，站卧不安，时起时卧，频频排尿，然后卧下，开始阵痛，阴部流出稀薄黏液（破水），这是即将产仔的征兆。此时应用高锰酸钾水溶液擦洗母猪阴部、后躯和乳房，准备接产。

（3）接产操作

①擦净黏液　仔猪产出后，接产人员应立即用手指将其口腔和鼻腔中的黏液挤干净，然后用干净毛巾迅速将皮肤上的黏液擦净。

②断脐　用手固定住脐带基部，另一手捏住脐带，将脐带慢慢从产道内拽出，切不可通过仔猪拽脐带。先将脐带内血液向腹部方向挤压，然后在距仔猪腹部4厘米左右断脐，断面用5%的碘酒消毒。

③剪犬牙　仔猪的犬齿在上下颌左右各2枚，容易咬伤同伴和母猪乳头，仔猪出生时，应及时用骨钳从齿根部剪掉。断牙后的仔猪即可送至母猪身边，以尽早吸吮初乳。

④称重、编号、登记　仔猪出生时要进行称重、编号和登记。编号的方法有戴耳标法、电子识别法和剪耳缺法。

⑤助产　对难产的母猪进行人工助产或肌内注射催产素催产。

⑥假死仔猪的急救　对于心脏仍然跳动的假死仔猪，可采

用倒提拍打法、人工呼吸法、温水浸泡法和药物刺激法等方法进行抢救。

⑦将仔猪放入铺有柔软垫草、温度控制在34℃的保温箱内。

（4）产后清理

母猪产下第一头仔猪后，其他仔猪产出的速度就快了，一般每隔5～25分钟产一头，2～4小时产完，再过半小时胎衣排出。也有个别母猪，仔猪与胎衣交替产出，只有胎衣全部排出，才标志产仔过程结束。在胎衣排出之后，应及时将其打扫出圈，避免让母猪吃掉，否则可能会造成吃仔猪的情况。然后用来苏儿或高锰酸钾溶液擦洗母猪阴门周围及乳房，以免发生阴道炎、乳房炎及子宫炎。同时打扫产房，消除污染垫草，垫上干土，重新更换新鲜垫草。

5．怎样固定乳头和饲喂初乳？

①固定乳头　仔猪出生后，需要固定乳头。从仔猪生后第一次吃奶时起，有意识地把强壮仔猪固定在后边的乳头吃奶，把弱小的仔猪固定在前边的乳头吃奶。乳头一旦固定下来以后，一直到断奶很少更换。母猪放乳时间短，一般只有20秒钟左右，每次经历3～5分钟，而且母猪不同部位的乳头所分泌的乳汁数量也不相同，一般前排较多，后排较少。固定乳头可提高哺乳仔猪生长均匀度，减少仔猪死亡率；固定乳头仔猪能及时吃到奶，不至于部分仔猪挨饿；哺乳仔猪有将出乳多的乳头占为己有的习性，固定乳头能减少仔猪争抢乳头和咬伤母猪的风险。如果仔猪吃奶的乳头不固定，则势必因相互争抢乳头而错过放乳时间，有时还会因争抢乳头时咬伤乳头而引起母猪拒哺。如果任凭一窝仔猪自由固定乳头，往往是初生体重大的强壮仔

猪抢占前边出奶多的乳头，弱小仔猪只能吃后边出奶少的乳头，最后形成一窝仔猪强的愈强，弱的更弱，到断奶时体重悬殊，有时甚至造成弱小仔猪死亡或形成僵猪；有时由于争抢出奶多的乳头互相咬架，影响母猪正常放奶，甚至母猪拒绝哺乳。

②饲喂初乳　初乳为母猪产后三天内分泌的乳汁。要让初生仔猪尽早吃足初乳。初生仔猪不具备先天免疫能力，必须通过吃初乳获得免疫能力。初乳含有丰富的营养物质和免疫抗体，对初生仔猪有特殊的生理作用。初乳酸度高，有利于消化，刺激消化道的蠕动；能增强仔猪体质和抗病能力，提高抗寒能力和对环境的适应能力；初乳中含有较多的镁盐，具有轻泻性，可促进胎粪排泄。

6. 哺乳仔猪适宜温度是多少?

哺乳仔猪皮下脂肪层薄、被毛稀疏、体温调节能力差。仔猪最适宜的环境温度是：1～7日龄32～28℃，8～30日龄28～25℃，31～60日龄25～23℃。保温的措施是单独为仔猪创造温暖适宜的小气候环境。可在产栏内设置仔猪保温箱，内吊1只250瓦的红外线灯泡或铺仔猪电热板。另外，在产栏内安装护仔栏，防止仔猪被母猪踩压。

7. 如何过仔或并窝?

如母猪产活仔数超过有效乳头数，或母猪产后死亡，需采取过仔或并窝，提高母猪利用率和减少仔猪死亡率。过仔或并窝时，如“继母”不认寄养仔猪，可干扰母猪嗅觉，用母猪产仔时的胎衣、尿液或垫草涂搽寄养仔猪身体，或者事先把寄养仔猪和母猪亲生的仔猪放在一起2～3小时，或用少量白酒或来苏儿溶液喷到母猪鼻端和仔猪身上。在过仔或并窝时，如寄养仔猪不认“继母”，拒绝吃奶，可把寄养仔猪暂时隔奶2~3小时，待仔猪感到饥饿难忍时，再放到“继母”身边。如个别仔猪仍不吃奶，可人工辅助把乳头放入仔猪口中，强制哺乳，重复数次，仔猪就不会拒食了。

仔猪寄养时要注意以下几方面的问题。第一是“继母”有足够的乳头，且泌乳量高、性情温顺、哺育性能好；第二是实行寄养的母猪产期接近，最好产期不超过三天；第三是使寄养仔猪的气味与“继母”一致，让“继母”易于接受；第四是尽快让被寄养的仔猪吃到初乳；第五是后产的仔猪往先产的窝里寄养要拿个体大的，先产的仔猪往后产的窝里寄养要拿个体小的。

8. 哺乳仔猪“四补”是什么?

①补铁　铁是造血原料。哺乳仔猪体内储备的铁只有30~50毫克，仔猪正常生长每头每日需铁7~8毫克，母乳中含铁量很低，每头仔猪每日从母乳中获得的铁不足1毫克，不能满足仔猪生长的需要。所以，如果不给仔猪补铁，其体内铁将在1周内耗完，仔猪就会患贫血症。缺铁性贫血的主要症状是精神萎靡、皮肤和可视黏膜苍白、被毛蓬乱无光泽、下痢、生长停滞。病猪逐渐消瘦衰弱，严重者可导致死亡。补铁常用方法是在仔猪出生后2~3日内，肌内注射铁制剂，如右旋糖苷铁等，每头剂量为150毫克铁。

②补硒　仔猪出生3天内和断奶时，分别给每头仔猪注射0.1%亚硒酸钠溶液0.5~1.0毫升，防止仔猪出现僵猪和断奶后患水肿病、白肌病。

③补水 仔猪生长迅速，代谢旺盛，需水量较多，可从3~5日龄开始，设置饮水槽，补给清洁、温度适宜的饮水，可在每升水中加葡萄糖20克、碳酸氢钠2克、维生素C 0.06克。由于母乳中脂肪含量高达7%~11%，仔猪又活泼爱动，所以仔猪常感口渴，如不供给清洁的饮水，则会喝脏水或尿液，容易导致下痢。

④补料 母猪泌乳高峰为产后20~30天，母乳在产后3周龄时能满足仔猪营养需要的97%左右，4周龄时约为73%。随着母乳量逐渐减少，仔猪越长越快，母乳不能满足仔猪生长需要，需要人为提早训练仔猪开食和补料，否则会影响仔猪生长发育。另外，仔猪消化系统不发达，机能不完善，提早补食，能刺激仔猪消化器官发育和分泌机能完善。一般在仔猪7~10日龄训练开食，仔猪到20日龄能完全采食饲料。仔猪20日龄后，生长发育加快，采食量增加，母乳已不能满足生长发育的需要。建议补饲哺乳仔猪教槽料。

使用仔猪饲料应注意以下几点：选择营养平衡、低抗原、适口性和消化性好的乳猪饲料。最好是膨化处理的颗粒料，保证松脆、香甜适口、易消化，采食后不易腹泻；少喂勤添，以适应仔猪的肠胃功能；断奶前2~3天减少母猪饲喂量和饮水量，促使仔猪多采食饲料，减少断奶应激，同时也可降低母猪乳房炎的发生率。

9. 仔猪何时去势和断尾？

去势的猪性情温顺，食欲好，增重快，肉质无异味。仔猪去势可在出生后15~20日龄内完成，早去势应激小，伤口愈合好。接种疫苗和去势不能同时进行，病弱仔猪暂缓去势，疾病高发期暂缓去势，仔猪去势后注意卫生和消毒工作。

为预防断奶、生长或肥育阶段猪咬尾现象的发生，应在仔猪出生后 12 小时内将其尾断掉。方法是用消毒过的断尾钳子，在距仔猪尾根 1.5 ~2.0 厘米处剪断，并用碘酒消毒断处。

10．仔猪何时断奶，方法有哪些?

仔猪断奶时间关系到母猪年产仔窝数和育活仔猪头数。在欧洲大部分生产者倾向 3 ~4 周龄断奶，美国一般在 18 ~21 日龄断奶，我国规模化养殖场一般在 21 ~28 日龄断奶，少数养殖场和养殖户在 28 ~35 日龄断奶，有的甚至 40 日龄断奶。养殖场（户）应根据饲养管理条件，确定仔猪断奶时间。仔猪断奶方法有逐渐断奶法、分批断奶法和一次断奶法。断奶时，避开疫苗注射、转群、去势等应激因素，减少断奶应激。

11．如何防治仔猪腹泻?

在哺乳期间，危害仔猪最大的疾病是腹泻病，可采取综合措施加以防治，其主要措施有以下几方面。

①养好母猪　加强妊娠母猪和哺乳母猪的饲养管理，保证胎儿正常生长发育，产出体重大、健康的仔猪；保证母猪产后有良好的泌乳性能。给予哺乳母猪质优量足的饲料，不喂发霉变质和有毒的饲料，以保证乳汁的质和量。

②保持猪舍清洁卫生　严格对产房进行全面彻底消毒；对进产房的母猪进行喷淋刷洗、消毒；临产前用 0.1% 的高锰酸钾溶液擦洗乳房和外阴部，以减少母体对仔猪的污染；产后及时清扫地面和网床上的粪便以及脏物。

③加强饲养管理，保持良好的环境　仔猪应饲养在适宜温度和湿度的房间，控制有害气体的含量，使仔猪生活舒适，体

质健康；加强仔猪的饲养管理和适时补料，提高仔猪抗病力，可防止或减少仔猪腹泻等疾病的发生。

④哺乳仔猪腹泻的预防　采用微生态制剂和疫苗可预防仔猪腹泻。微生态制剂是一种活菌制剂，可抑制病原菌微生物的生长，可增加动物体的免疫功能，抵御感染，预防仔猪腹泻。通过接种疫苗，仔猪获得对大肠杆菌的特异性抵抗力，减少腹泻。目前，预防仔猪大肠杆菌性腹泻的有效措施是采用疫苗对怀孕母猪免疫接种，在母猪分娩后，仔猪通过乳汁获得抗体；另一种是直接免疫仔猪，使其产生主动抗体。

12. 如何提高仔猪断奶窝重?

(1) 提高初生重，增强仔猪抵抗力

1）引入优良品种，利用杂交优势

引入良种母猪进行繁殖，可提高仔猪初生重。在选配过程中要进行合理异质交配，即用体型有一定差别的公、母猪或者不同品种的公、母猪进行交配，充分利用杂交优势。

2）加强母猪孕期管理，提高仔猪初生重

①妊娠前期　配种前7～10天适当加料刺激，可增加母猪排卵数。妊娠早期，在体内激素等作用下母体新陈代谢加强，食欲增加，消化能力提高，体重增加很快，需要适当限饲，否则母体太肥，导致早期流产、产仔数减少，或造成难产以及产后母猪采食量和泌乳量减少，从而影响仔猪发育。

②妊娠前期母猪的喂料量　1个月内，每头每天1.8～2.2千克；妊娠第二个月到80天，每头每天为2.0～2.5千克。

③妊娠后期　该阶段胎儿增重快，特别是临产前20天生长量约为初生重的60%。因此，母猪妊娠后期的营养摄入量将直

接影响胎儿的大小。随着母猪腹围的逐渐增大，消化系统受到挤压，每次采食量将减少，需要增加饲喂次数和日粮营养浓度，以满足其营养需要量，对体况较差的母猪给予特殊护理。产前一个月的母猪每头每天喂料量为2.8~3.5千克，产前一星期开始喂哺乳料，并适当减料。产前一个月适当提高日粮的能量水平，每天每头补喂200~250克的动物脂肪或油脂性饲料，可提高初乳与常乳的乳脂率，增加胎儿体内的能量贮存，有利于提高仔猪成活率。饲料应新鲜，保持料槽、饮水器的清洁卫生。

（2）养好产后母猪，确保母猪泌乳力

养好产后母猪是养好哺乳仔猪的保障，产后母猪奶水充足与否直接影响哺乳仔猪的成活率。母猪泌乳期间的饲粮需要量包括母猪的维持需要量和泌乳需要量，母猪的维持需要量为1.5~2.0千克标准饲粮；泌乳需要量按哺育1头仔猪需0.3~0.4千克的饲粮计算，如1头哺育10头仔猪的泌乳母猪，每日需采食4.5~6.0千克的标准饲粮。泌乳母猪采食量不足，会造成母猪减重过大和泌乳量不足，影响仔猪的生长速度和断奶窝重，同时影响其繁殖成绩，增加淘汰率。可在饲料中添加脂肪来提高饲料的能量水平，以弥补采食量的不足。

（3）加强仔猪管理，提高生长力

见哺乳仔猪饲养管理相关问答。

三、保育仔猪的饲养管理

13. 保育仔猪的生理特点有哪些?

①抗寒能力差　保育仔猪对温度尤为敏感，需要维持保育

舍温度在25℃左右。当离开了温暖的产房和母猪，需要有一段适应过程，如果长期生活在18℃以下的环境中，不仅影响其生长发育，还能诱发多种疾病。

②生长发育快　这期间仔猪的食欲非常旺盛，常表现出抢食、贪食，若饲养管理得好，仔猪生长迅速，在40～60日龄期间体重可增加一倍。

③对疾病的易感性高　由于保育仔猪自身主动免疫能力未完全建立，同时又失去了母源抗体的保护，对传染性胃肠炎、萎缩性鼻炎、猪瘟、伪狂犬病和腹泻病等疾病易感性高。

14．仔猪断奶的主要应激有哪些?

①断乳应激　集约化生产多采用一次性断乳法，母猪由分娩舍转入配种或妊娠舍待配，仔猪直接进入保育舍或在原圈饲养一段时间后进入保育舍。仔猪断奶离开母体、转群、调群等生活条件的突然变化，给仔猪的正常生理活动造成巨大应激。

②营养源改变的应激　保育仔猪由原来靠母乳和少量的开口料供给营养，转变为全部以饲料来供给，由于其消化机能尚未完善，适应配合饲料的营养源，对保育仔猪来讲，是严峻的考验。

③环境变化的应激　保育猪从分娩舍到保育舍，从一个熟悉的环境到一个陌生的环境，圈舍、温度、光照等都发生了变化，保育猪需要去适应新的环境，这给其造成了应激。

④管理变化的应激　保育仔猪的管理与哺乳仔猪的管理方式不一样，人为管理条件上的变更，对保育猪群造成应激。

⑤疫病发生的应激　刚断乳的保育仔猪抵抗疾病能力差，适应力差，加之以上一种或几种应激而容易产生疫病，如腹泻、

肠炎、肺炎等疫病的发生，会加剧保育仔猪的应激程度。

15. 保育仔猪进入保育舍前的准备工作有哪些?

①保育舍清洗消毒　在保育仔猪进入保育舍前，首先将保育舍彻底清洗干净，包括舍内所有栏板、料槽、天花板、墙壁、窗户、地面、水管等。同时将下水道污水排放掉，并冲洗干净。清洗干净后再用消毒药物进行彻底消毒。

②保育舍设施检查　进猪前，检查门窗、栏位、料槽、保温箱、加药器是否正常，每个饮水器和水管是否通水，电器、电线是否有损坏，是否按照要求进行了猪舍消毒。

③保育舍温度　将栏板、料槽组装好，将舍内的温度保持在保育猪刚转进来适宜的温度范围（26 ~ 28℃），然后准备进猪。

16. 如何饲喂保育仔猪?

①饲料形状　日粮的形状会影响仔猪采食量和生长。仔猪不喜采食大颗粒饲料，小颗粒料优于大颗粒或破碎料。也可以使用粉料，但浪费会增加 10% ~15%。颗粒料能减少浪费，增加消化率。建议保育仔猪使用颗粒料。

②饲喂次数和饲喂量　保育仔猪应自由采食，其中转群后的 3 天内，以少量多次饲喂，每次投喂数量以 30 分钟内吃完为宜，每次饲喂量不宜过多，七八分饱为宜，以防止仔猪拉稀，一周以后逐渐增加饲喂量。饲料要妥善保管，预防饲料发霉变质，保证料槽中饲料新鲜，料槽中的饲料吃完后再加料。并保证饲槽干净卫生，每天至少清洁一次饲槽。

③饲料品种的更换　断奶后 1 ~2 周使用代乳料饲喂，以减

少饲料变化引起应激，然后逐渐过渡到保育料。可采用4天或者5天的过渡时间。采用5天过渡时间，第1天换料20%，第2天换料40%，第3天换料60%，第4天换料80%，第5天全用保育料。采用4天的时间过渡，每天替换25%即可。

17. 如何管理保育仔猪的饮水？

保育仔猪的饮水与其生长、采食和健康密切相关。保育仔猪应保证充足、干净清洁、易于获得、温度适宜的水源。为了缓解仔猪断乳的各种应激，可在饮水中添加钾盐、钠盐等电解质或葡萄糖、维生素等物质。

18. 保育仔猪如何分群和调教？

①分群　仔猪分群时尽量按照同窝同圈、出生日期一致、大小体重相近的原则进行，个体太小和太弱的单独分群饲养，这样有利于稳定仔猪情绪，减轻混群的刺激和相互咬斗。

②调教　仔猪进保育舍时，要细心调教，使其采食、睡觉、饮水、排泄形成固定位置。开始几天饲养员要调教仔猪排便、采食、睡觉三定位，如有小猪在睡卧区和食槽处排泄，要及时把小猪赶到排泄区排泄，并将非排泄处清洗干净。饲养员每次在清扫卫生时，要及时清除休息区的粪便和脏物，同时留小部分粪便于排泄区，经过3～5天的调教，仔猪就可形成定位习惯。

③密度大小　保育仔猪每圈饲养数量根据养殖场建设规模和保育床面积而定，一般规模化猪场保育舍每圈饲养仔猪15～20头为宜。圈舍采用漏缝或半漏缝地板，每头仔猪占圈舍面积为0.3～0.5平方米。

19. 保育仔猪日常管理有哪些?

仔猪健康与其生长需要协调发展，健康的猪只不一定生长迅速，但是不健康的猪只一定生长不正常。一要做好保育仔猪健康检查，及时发现有问题的仔猪并给予及时治疗。二要注意仔猪腹泻和呼吸道疾病等常见病的预防和治疗。三是不要片面追求保育阶段的生长速度，而忽略后期的影响，抗生素合理使用非常重要。四是做好基础性管理工作，如温度、湿度控制、饲养密度、圈舍消毒、转群和分群等。

饲养员每天不仅要做好饲喂、清洁卫生、清粪等工作，还要仔细观察每头仔猪的饮食、饮水、体温、呼吸、粪便和尿液颜色、精神状态等，并作记录。准确记录饲料消耗量、死亡猪的数量及耳号。

四、生长肥育猪的饲养管理

20. 生长肥育猪的生长发育规律是什么?

①增重速度　生长肥育阶段是肉猪体重增长过程中最关键的时期，在70~180日龄阶段生长速度最快，平均日增重可达到700~750克。25~60千克体重阶段日增重应达到600~700克，60~100千克阶段日增重应达到800~900克。

②体组织的生长　瘦肉型猪的骨骼、皮、肌肉、脂肪生长表现出一定规律。但在不同阶段各有侧重，一般是先骨、中肉、后脂肪。生长猪的骨骼和肌肉生长较快，脂肪增长比较缓慢。而肥育猪的脂肪组织生长旺盛，肌肉和骨骼的生长较为缓慢。

③化学成分变化　猪只在整个生命过程中机体内的水分和

脂肪含量变化最大。随年龄增长，机体的水分相对减少；脂肪逐渐增多；蛋白质与矿物质在胚胎期与幼龄期增长较快，之后缓慢增长，最后趋于稳定。

21．生长肥育猪有哪些生理特点？

生长肥育猪在体重20千克左右时，机体生长发育正处于旺盛时期，但体内各组织、器官的生长发育功能还未完善，其消化系统的功能较弱，胃的容积较小，每次采食饲料量较小，所以配制的饲料应该营养含量高、粗纤维含量低、易于消化、适口性好。生长猪神经系统和抵抗力正处于逐步完善阶段，因而应加强饲养管理，防止疾病传染，减少猪只患病或死亡。

体重在60千克以上的肥育猪，生理机能逐渐完善，消化系统得到很大发展，对饲料中营养物质的消化能力和吸收能力有很大提高。机体对外界各种刺激的调节能力和对周围环境的适应性也有很大提高。饲喂肥育猪的饲料应品质优良、营养平衡，以充分发挥肥育猪的生产潜能。

22．影响猪生产性能的主要因素有哪些？

①品种和类型　猪的品种和类型对生产性能的影响很大。不同品种的猪，由于其培育条件、选择程度和生产方向不同，形成了遗传差异，即使在相同的生长条件下，其生长速度和生产效率也不同。一般优良瘦肉型猪比地方猪增重快、饲料利用率高、屠宰率和瘦肉率较高。但它对饲料的营养水平、饲养管理条件要求也相对较高，适合规模化养殖；而含有地方血缘的猪，其生产性能相对较低，饲养期较长，但能够耐粗饲，肉质风味较好，对环境条件的适应性和抗病力较强，适合在饲养条件相对较差的农户或小规模养殖场饲养。

②经济杂交　利用猪的不同品种、不同品系之间的杂交，最大限度地挖掘猪种的杂交潜力，提高养猪经济效益。据国外报道，利用不同品种间的杂交，杂交商品猪的生长速度、饲料报酬和胴体品质分别提高 5% ~10%、13% 和 2%；杂种母猪的产仔数、哺育率和断奶窝重，分别提高 8% ~ 10%、25% 和 45%。

③体重与年龄　随着猪年龄和体重增大，维持营养需要增多，饲料效率降低。随着饲养期延长或年龄越大，猪的体内脂肪沉积增多，瘦肉率降低。因此，根据猪的生长发育规律和品种特点，确定适宜的出栏体重和屠宰期，以达到提高饲料效率、提高胴体品质和养殖经济效益的目的。

④性别　同品种、不同性别的猪只，其生产性能不同。研究人员于 2005 年对杜 ×（大 × 长）三元杂交猪的阉公猪与母猪进行了比较试验，结果表明，阉公猪生长育肥期的日增重、日采食量明显高于母猪，而各生长阶段的料肉比差异不显著；阉公猪的屠宰率、瘦肉率与母猪相比差异不明显。研究人员于 1994 年进行了公猪、阉公猪、母猪的肉用性能比较，结果表明，阉公猪的日增重明显高于母猪，公猪与母猪的日增重差异不明显；公猪全期日采食量、耗料均低于阉公猪和母猪，饲料报酬较高；公猪的瘦肉率为 62.34%，明显高于阉公猪和母猪；但公猪肉因雄性激素而带有臊味，影响肉品风味。

⑤仔猪初生重与早期发育　猪的初生重和断奶体重与肥育期增重速度有关。俗话说“初生差 1 两，断奶差 1 斤，出栏差 10 斤”。在母猪怀孕期，胎儿生长发育良好、体格健壮，仔猪出生时初生重大；仔猪在哺乳期吃到的母乳较多，营养充足，使得早期发育好、患病少、断奶体重大；这种仔猪的生活力强，

在肥育期增重快，饲料报酬高。

⑥饲料营养水平与质量　饲料中营养物质含量，以及营养是否平衡等对猪的生长发育至关重要，同时饲料原料的质量控制和加工工艺水平也对肉猪的生产性能、屠体品质有一定影响。所以选择饲料时更应该重视饲料质量与品牌。

⑦饲养环境　饲养环境主要包括温度、湿度、通风和饲养密度 4 个方面。

温度。肉猪舍饲条件下，圈舍温度冷热过度或骤降骤升都会引起猪的应激而诱发疾病，生长肥育猪的适宜温度因体重不同而不同，幼猪为 20～32℃，成年肥育猪为 15～23℃。当舍内温度超过 32℃时，猪的食欲下降，采食量大大减少。

湿度。在适温条件下，舍内湿度对增重的影响较小，当环境温度较低、相对湿度大时，由于猪的被毛、皮肤吸附了空气中的水分后，使猪体表面散热量增大，感觉更加寒冷。夏季高温高湿环境会导致有害病原微生物大量繁殖，影响猪的健康与生长。当用水冲洗圈舍或用水给猪体降温时，还应加大通风量，减少圈舍湿度。猪舍相对湿度以 50%～70% 为宜。

通风。圈舍长期处于密不透风的情况下，高浓度的氨气、硫化氢、二氧化碳等废气会引起猪的呼吸道炎症或感染其他疾病，导致猪只体质虚弱，对疾病的抵抗力降低，发病率和死亡率升高，肉猪增重缓慢、生产力下降。因此，圈舍应设有窗户，保持猪舍的空气流通和阳光照射，才有利于猪只的健康和生长发育。

饲养密度。饲养密度决定着圈舍的合理使用，同时对猪的生长发育有着重要影响。圈舍内饲养密度如果过大，猪只发生拥挤、斗殴行为较多，影响猪的采食、饮水、排便、活动和睡眠等，从而影响猪的生产性能。建议每头育肥猪所占圈舍面积1平方米为宜，让猪只有足够的休息和活动的空间，减少猪只之间的拥挤、斗殴现象，也利于保持圈舍的安静与卫生。

23. 生长育肥猪如何分群？

①合群原则　根据生猪来源、体重、体况、品种等相近的原则合群饲养，同一猪群体重相差不宜过大，最好不超过5～10千克；一般不要任意合群；猪群大小和密度适宜，见表1。

②合群方法　合群的关键是如何避免合群初期猪只相互咬架。根据猪的生物学特点，采用的方法有，留弱不留强，把较弱的猪留在原圈，较强的猪调出。拆多不拆少，把猪只少的留原圈，把头数多的并入头数少的猪群中。夜间并圈，在夜间并群，对并群的猪喷洒同一种气味的药液，如来苏尔，使彼此气味不易分辨。同调新栏，两群猪头数一致，强弱相当，并群时同调到新的猪栏去。饥饿时并圈，猪在饥饿时拆群，并群后立即喂食，让猪吃饱喝足后各自安睡，互不侵犯。

③合群管理　合群前，清扫圈舍，严格消毒。合群后的最初几天，要加强饲养管理和调教，建立猪只采食、排泄、休息的三定习惯，帮助猪只建立新的猪群秩序，直到其友好相处。

表1　猪只饲养推荐密度

<table>
<tr><th>阶　段
（千克）</th><th>密度
（平方米/头）</th><th>群体
（头/栏）</th><th>备　注</th></tr>
<tr><td>20～50</td><td>0.5～0.55</td><td>16～17</td><td rowspan="3">不包含食槽面积</td></tr>
<tr><td>50～70</td><td>0.6</td><td rowspan="2">15～17</td></tr>
<tr><td>70～出栏</td><td>1.0</td></tr>
</table>

24. 如何饲喂生长肥育猪?

①饲料形态　多数试验结果表明，对肉猪喂颗粒料优于干粉料，日增重和饲料利用率均提高8% ~10%。但也有一些试验表明，肉猪饲喂湿粉料的效果并不比颗粒料差。颗粒料的成本高于粉状料。颗粒料中谷实的粉碎程度要比干粉料细一些。颗粒直径，肉猪生长阶段为3 ~4 毫米。

饲喂干粉料，可将粉料按1:0.5 ~1 掺水，调成半干粉料或湿粉料，有利于肉猪采食，缩短饲喂时间，避免舍内饲料粉尘，同时保证充足的饮水。生猪饲喂湿粉料或半干粉料，增重速度和饲料利用率优于干粉料，对胴体品质无影响。

②自由采食与限量饲喂　生长肥育猪前期自由采食，后期根据实际情况可以限制饲喂，一般以九成饱为宜。限量饲喂，饲料利用率较高，胴体较瘦，但对生猪增重不利。自由采食，生猪采食多，增重快，但饲料利用率低一些、胴体肥。

③日喂次数　在未实行自动饲喂系统的养殖场，生长猪阶段，每天宜喂3 ~4 次；肥育猪阶段，每天饲喂2 次或3 次。生长肥育猪每次饲喂的时间应相对固定。

④换料方法　换料过渡方法，第一天换25%，第二天换50%，第三天换75%，第四天过渡换料完成。注意事项：刚换料的头1 ~2 天猪群有可能采食量下降，在投料时适当减少投料量，采取多次少量投料，以免影响饲料的新鲜度，造成饲料浪费；在换料过渡期间要加强环境温度、湿度、空气流通和环境卫生管理，尽量减少应激。

⑤供水　保证供应生长育肥猪新鲜、清洁、足够的饮水，即使饲喂湿料，仍需供水。采用乳头式饮水器，6 ~8 头猪共用

一个饮水器，猪只需水量可参照表2。

表2　各类猪群的饮水及饮水器

阶段（千克）	项目							
	饮水时间（分钟/天）	饮水器流水量（毫升/分钟）	每千克干饲料需要饮水（千克/升）	日消耗水量（升）	饮水器安装高度（厘米）	饮水器安装间距（厘米）	饮水器数量（个/栏）	每栋猪舍主供水管口径（毫米）
20～50	30～40	250	2.0～2.5	2.5～4.0	30～45	45	2	45～50
50～75	30～35	1 000	2.5～3.0	4.0～6.0	45～50	45	2	45～50
75～100	30～35	1 000	2.5～3.0	6.0～7.5	50～60	45	2	45～50

注：1. 所有供水管道不得暴露在室外，防止水温夏季过烫，冬季过冷。
2. 安装角度，饮水器朝下45°。

⑥饲槽　饲槽大小和结构合理。饲槽的采食宽度不低于猪的肩宽，再增加10%以适应猪的个体差异并给猪一定的活动余地。15～30千克猪只的饲槽采食宽度18～20厘米，30～60千克需要20～27厘米，60～110千克猪需要27～33厘米。饲料添加量不超过料槽深度的1/3。

25. 如何控制生长肥育猪舍内环境？

①温度和湿度　生长肥育猪对环境温度调节能力差，超出适宜温度范围，对生猪生产性能产生影响。当环境温度较高时，可采用开风扇、拉遮光网、瓦面喷水、舍内墙面喷水、使用风机水帘等方法降温。猪舍湿度一般控制在65%～80%的范围内为宜。湿度大时可采取在走道撒石灰等措施，禁止冲洗猪栏来防止湿度升高。表3列出了生长肥育猪的适宜温度和湿度。

表3　猪只适宜温度、湿度推荐表

猪群	日龄（周）	体重（千克）	适宜温度（℃）	临界高温（℃）	临界低温（℃）	适宜湿度（%）
生长猪	10～16	25～65	20～18	27	13	60～80
育肥猪	17～出栏	65～95	18～17	27	10	

②空气流速　舍内空气流速要求春、秋、冬季为0.2～0.4米/秒，夏季为0.4～1.0米/秒。

③空气新鲜度　要求猪舍内氨气≤10毫克/升，硫化氢≤7毫克/升，二氧化碳≤1 500毫克/升。栏舍要适当通风，减少空气中有害气体的浓度，确保舍内环境的空气质量。在确保温度的基础上，采取由里到外、由上到下的通风方式，根据猪群的状况、舍内气味的浓度和温度及气温来灵活控制。

26．什么是生猪无抗养殖，从哪些方面实现无抗养殖？

生猪无抗养殖是指在养殖过程中不使用抗生素和激素药物，达到猪肉产品中无抗生素残留，减少生猪对抗生素的耐药性，降低环境危害和提高生猪福利为目的，实现生猪、人类、环境可持续发展。按照生猪出生到出栏的不同阶段划分，无抗养殖可分为全程无抗养殖和阶段无抗养殖。全程无抗养殖是指生猪从出生到出栏均不使用抗生素；阶段无抗养殖是指在生猪某一阶段使用抗生素，多指生猪幼龄阶段，在饲养的中后期不使用抗生素，而且生猪饲料中也不得含有抗生素残留。

开展生猪无抗养殖，养殖企业（场/户）面临生猪增重降低，饲料成本增加，料重比增加，疾病发生率增加，死亡率上升等挑战，导致生猪养殖成本增加，产品保供能力降低。但是从食品安全、环境安全和可持续发展角度综合考虑，需要逐步实施生猪无抗养殖，建立无抗养殖系统工程。从品种选育，优化饲料配制，提升饲养管理水平，优化生猪免疫程序，改善圈舍条件，提升养殖者综合能力，以及制定管理制度和加强监管等方面开展工作。

27. 什么是生猪健康养殖？健康养殖主要包括哪些内容？

生猪健康养殖是以安全、优质、高效为主要内涵，利用当代先进的畜牧兽医科学技术，建立数量、质量、效益和生态和谐发展的现代生猪养殖业，从而实现基础设施完善、管理科学、资源节约、环境友好，经济、生态和社会效益高度统一的一项系统工程。它覆盖了生猪生产的产前、产中和产后的全过程。健康养殖涉及动物营养学、食品安全学、生态学、环境科学、系统科学等，其本质是要对生猪和人类的健康负责，在不危害环境的前提下，为人类提供安全、健康的营养食品。这种健康养殖的核心理念和价值是生猪健康、产品健康、环境健康、人类健康和产业链健康。

生猪健康养殖覆盖了生猪生产的全过程，不仅需要优良的猪种、精细的饲养管理、安全优质的饲料、良好的养殖环境、合理的疾病防治，确保猪肉产品安全、优质和可追溯，还要求生猪养殖对环境友好，不对环境构成威胁。

五、种猪的饲养管理

28. 如何饲养后备母猪和后备公猪？

①饲喂　后备公猪单栏饲养；后备母猪大栏饲养，但须根据体重大小分群。建议饲喂后备种猪配合饲料，6 月龄前自由采

食，6~7 月龄适当限饲，根据膘情控制日喂量，一般在 1.8~2.2 千克/头·天，配种前 10~14 天恢复自由采食，进行催情。催情期间饲喂量不低于 3.5 千克/头·天。

②运动　后备种猪圈舍应有足够的空间，便于运动，保证每周 2 次以上，每次运动 1~2 小时。

③初配年龄　对达到初配年龄和体重的母猪早晚进行发情检查，在年龄达到 7.5~8.5 月龄，体重达到 130 千克以上，背膘 16~20 毫米、第 2~3 次发情时进行初配。

④环境控制　气温过高对后备母猪的发情影响较大，会造成延迟发情甚至不发情，夏天应注意防暑降温和通风。

⑤淘汰　淘汰有肢蹄缺陷、瞎奶头和已达 9 月龄却从没有发过情等问题的后备母猪；淘汰有肢蹄缺陷、隐睾和阴囊疝等问题的后备公猪。

29. 如何饲养管理断奶母猪?

①分群饲养　断奶母猪可以根据断奶日龄、膘情进行群养，便于饲养管理和发情配种。

②饲喂量　断奶母猪在断奶后的前 4 天喂哺乳母猪料，以后喂空怀母猪料。断奶当天不喂料，第二餐喂 1~2 千克，第 2 天起自由采食，根据膘情日喂量控制在 1.8~2 千克，如果母猪过瘦，应增加 20%~25% 饲料量进行催情补饲，如果过肥则应减少日喂量。

③发情鉴定　断奶母猪一般在断奶后 7~10 天发情，应在断奶后每天早、晚进行发情鉴定，并做好标记，及时配种。

④环境控制　加强舍内湿度和光照的控制，湿度过大易增加子宫炎症，确保配种舍有足够的光照条件，每天保证 14 小时

以上，不足的采取人工补光。

⑤不发情母猪的处理　可采取运动、饥饿、公猪刺激等物理方法刺激发情，若无效，可选用激素治疗，如使用氯前列烯醇、促排卵素、PG600 等外源性激素处理。

⑥淘汰　根据市场行情，有计划地逐步淘汰 8 胎以上、两个情期没有配上的、生产性能低下的母猪。

30. 如何饲养管理妊娠母猪?

①合理分群　按照母猪的大小、体况和配种时间进行分群饲养。妊娠前期和中期可以群养，妊娠后期可单圈饲养，临产前一周转入产房。

②饲喂量　饲喂妊娠母猪料，根据膘情，妊娠 80 天前日喂量 1.8 ~2 千克/头，妊娠 80 ~ 110 天日喂量 2.0 ~2.25 千克/头，分娩前 4 天开始减少喂量，每天减少 20% ~25% 。对体况较差的母猪，可采取抓两头，带中间的方式饲喂。具体做法是，在配种后的 20 ~ 30 天内采取短期优待，加喂含蛋白质多的饲料，以促进早期胚胎的形成和正常发育，恢复母猪的繁殖体况；待母猪体况恢复后，即在怀孕中期的两个月内，可维持中等营养水平，适当多喂青料、粗料；到怀孕最后一个月，适当加强营养，增加精料和矿物质，因为这期间胎儿增重占初生体重的 60%，母猪必须摄入大量的营养，才能满足胎儿发育和产后哺乳的需要。

③防止机械流产　减少和防止粗暴鞭打、强烈驱赶、跨沟、打斗和挤撞等各种有害刺激。

④环境控制　在气温达到 32℃以上时，应采取洒水、搭凉棚等来防暑降温。冬季应采取关闭门窗、加热等防寒保暖措施，

防止母猪感冒发烧，同时注意舍内空气质量，以免猪只中毒。

⑤产前准备　母猪妊娠期为 111 ~117 天，平均为 114 天。母猪配种后应推算预产期，有利于做好分娩准备和及时接产。预产期推算可采用“三三三”推算法：母猪妊娠期平均为 114 天即三月加三周再加三日，遇月大 31 天，则预产期提前 1 天，遇 2 月 28 天，向后延迟 2 天，如 1 月 1 日配种，则预产期为 4 月 25 日。产前准备包括圈舍消毒、接产用具及消毒药品、仔猪保温设施等。控制产房温度在 22℃以上、相对湿度 65% 以下，准备好接产工具和用品。

31. 如何饲养管理哺乳母猪?

哺乳母猪饲养管理的重点是提高母猪采食量和泌乳量。

①饲料的选择和饲喂　哺乳母猪的饲料特别重要，应选择或配制优质的哺乳母猪饲料。饲喂哺乳母猪料，预产前 3 天开始减少饲喂量，头天减少 1/3 的用量，次日减少 2/3 的用量，临产征兆出现时头餐可不喂，在产后 6 ~8 小时喂给少许加食盐的麸皮水，分娩后逐渐增加喂量，第 3 天达到采食量的 60% ~70%，以后逐步增加，5 天后自由采食，尽最大可能提高母猪采食量。在仔猪断奶前 3 ~5 天要逐渐减少喂量，并检查母猪乳房膨胀情况。对体况好的母猪，断奶前 5 ~ 7 天降低饲料喂量 20%，或限制饲喂量在 2 ~3 千克；对断奶后瘦弱的不能正常发情的经产母猪，可以在配种前 10 天增加饲料 20% ~30%。

②供应充足清洁的饮水　首先是保证母猪有充足清洁的饮水，饮水不足或饮水不清洁都会影响母猪的采食量和泌乳量；其次是尽量增加哺乳母猪的饮水量。母猪饮水温度建议在 13 ~20℃。饮水器高度需根据猪的高度安装，一般经产母猪饮水器

高度在60厘米左右。水流量一般为1.8－2.0升/分钟。

③保持舒适的圈舍环境　圈舍内给哺乳母猪一个良好的安静的环境，保持圈舍温度在18～22℃、相对湿度60%～70%、圈舍空气质量良好。及时清扫粪便，保证栏位干燥、清洁。夏季定期灭蝇，尽量减少噪声等应激因素，安静的环境，有利于母猪哺乳和仔猪的休息和生长发育。

④做好疾病预防工作　母猪哺乳期应加强疾病的预防工作。哺乳期常见的主要疾病有产后恶露不止、食欲不振、乳房炎、产后无奶和少奶、产后瘫痪等。在该期间，应加强饲养管理，提供有利于母猪消化和促奶的饲料，提高饲养条件，做好母猪的保温和消毒工作。如果母猪出现某种病症，应及时科学治疗。同时，给哺乳母猪及时注射相应疫苗。

32. 如何饲养管理备种公猪?

①单圈饲养　备种公猪从3～4月龄起，单圈饲养。圈舍应远离母猪舍，圈门、圈栏要坚固，经常检修，以防公猪跑出圈外干扰母猪和其他公猪的安宁。

②日粮　建议购买种公猪专用日粮。供给充足饮水。

③加强运动　每天保持公猪行走2～4千米。公猪经常运动，能加强血液循环，增强体质，促进食欲，保持性欲旺盛。驱赶时严禁鞭打。

④刷拭猪体　经常用刮子刷拭猪体，保持公猪皮肤清洁和表皮血管扩张，促进血液循环，减少体表寄生虫病，加强新陈代谢和增进食欲。炎热天气还应给公猪淋浴或冲水洗澡。

⑤防止自淫　平时应注意公猪与母猪分开饲养，不让公猪看到母猪，或听到、闻到母猪的声音和气味。对性欲旺盛的公

猪，圈内不要放置活动食槽或杂物，尽量排除一切可能发生爬跨自淫的条件。

⑥专人负责　公猪性情暴躁，平时饲养管理或配种、采精时，都不能随意鞭打或大声吼骂，否则会影响采精效果，甚至使公猪出现咬人现象。为了掌握好公猪的习性、配种特点和射精量，以合理使用公猪，宜固定专人饲养，不要轻易更换。

六、猪常见消化道疾病及防治

各种原因引起的腹泻（拉稀）是猪最常见的消化道疾病，尤其以仔猪阶段最易发生，可直接造成仔猪死亡，间接引起生长缓慢，饲料报酬降低。尤其是近年来流行的仔猪流行性腹泻病，更是给养猪业造成了严重的损失。

33. 如何防治猪流行性腹泻？

猪流行性腹泻由猪流行性腹泻病毒（PEDV，属于冠状病毒）引起，本病只发生于猪，各种年龄的猪都能感染发病，多发生于寒冷季节。哺乳猪、仔猪和生长猪或肥育猪的发病率很高，尤以哺乳猪受害最为严重。病猪是主要传染源，主要感染途径是消化道。病毒随粪便排出后，通过污染环境、饲料、饮水、交通工具及用具等而传染，经口和鼻感染后，直接进入小肠，引起肠绒毛萎缩，造成病猪严重腹泻，引起脱水，是导致病猪死亡的主要原因。

本病潜伏期一般为 5 ~8 天，主要的临床症状为水样腹泻和呕吐。呕吐多发生于吃食或吃奶后。症状的轻重随日龄的大小而有差异，日龄越小，症状越重。一周龄内新生仔猪发生腹泻后3~4天，就会因严重脱水而死亡，死亡率可达50%以上。病猪体温正常或稍高，精神沉郁，食欲减退或废绝。少数猪恢复后生长发育不良。肥育猪及成年猪症状较轻，有的仅表现呕吐。

本病眼观变化仅限于小肠。小肠扩张，肠内充满黄色液体，肠系膜充血，肠系膜淋巴结水肿，小肠绒毛缩短。

本病在防治上可采用以下方法：

①预防接种　做好环境卫生和场地消毒工作；保证每头乳猪吃到足够初乳；母猪产前一月，接种猪流行性腹泻疫苗或猪传染性胃肠炎、猪流行性腹泻二价苗，可通过母乳使仔猪获得被动免疫。

②治疗　发病后立即用戊二醛－癸甲溴铵溶液，按1∶500比例稀释后进行场地圈舍消毒，每周一次，控制疾病蔓延。防止脱水，及时补充能量和电解质，口服电解多维，同时为了防止机体酸中毒，可同时口服小苏打。止吐止泻，发病个体可采用肌内注射“氧氟沙星注射液＋硫酸阿托品注射液”进行治疗，缓解呕吐和肠道痉挛，控制继发感染。

34．如何防治仔猪黄白痢？

仔猪黄白痢是仔猪黄痢和白痢的简称，一般来讲，仔猪出生后3~10天为黄痢，而出生10天以上的称为白痢，这也可以通过观察粪便颜色来判定，二者都是由致病性大肠杆菌引起新生仔猪的一种急性传染病，如果不及时治疗，很容易导致仔猪死亡。

本病在防治上可采用以下策略，饲养管理为主，药物预防为辅。

①做好母猪产前产后管理　加强新生仔猪的护理，尤其是

保温，保温箱内的温度应达到35℃左右，在母猪乳房处涂抹硫酸新霉素软膏，仔猪通过吃奶吸收到硫酸新霉素，起到药物预防效果。

②药物预防　对于黄白痢常发猪场，仔猪出生后 3 天内注射头孢噻呋或土霉素注射液，可有效减少黄白痢的发生。

③对症治疗　出现腹泻，仔猪口服电解多维溶液，同时口服或注射硫酸阿托品和氧氟沙星注射液等抗菌药物。

35. 如何区分猪腹泻疾病?

引起猪腹泻除了猪流行性腹泻、仔猪黄白痢外，还有猪轮状病毒病、猪传染性胃肠炎、猪红痢、猪球虫、仔猪副伤寒及饲料等因素。

①病毒性腹泻主要包括流行性腹泻、传染性胃肠炎和轮状病毒，这三种病例在临床上表现非常相似，仅靠眼观病变不易区分，在临床中如发现猪腹泻伴发高热，采用多种敏感抗生素治疗无效时，应怀疑病毒性腹泻。

②猪红痢主要发生在 3 日龄以内的新生仔猪，临床特征为排出浅红或红褐色稀粪，或混合坏死组织碎片和气泡；发病急剧，病程短促，死亡率极高。

③仔猪球虫病可见于3 日龄的乳猪，但一般发生在7 ~21 日龄的仔猪。主要临诊症状是腹泻，持续 4 ~6 天，粪便呈水样或糊状，显黄色至白色，偶尔由于潜血而呈棕色。

④慢性的仔猪副伤寒表现为腹泻症状，2 ~4 月龄仔猪多见，多雨潮湿、寒冷、季节交替时发生率高。临床特征表现像慢性猪瘟，猪发烧（40. 5 ~41. 5℃），畏寒，眼角有大量分泌物，呈顽固性下痢，粪便水样，全身皮肤有痂状湿疹。

36．猪腹泻的综合防治措施有哪些？

①断奶仔猪不换圈　断奶时把母猪移走，将仔猪留在原圈舍饲喂7～10天，并在断奶当天提高舍内温度2～3℃，随后的几天逐渐降低舍温，减少应激程度。

②控制断奶仔猪的采食量　断奶后的仔猪由于失去了母乳的喂养，其采食量必然增加，如果让其自由采食，往往会造成肠道的消化负担，导致拉稀。断奶后继续使用教槽料，教槽料的质量越好，拉稀现象越少。

③加强保健　断奶前后三天在饲在饮水中加入电解多维减少断奶应激反应。也可使用枯草芽孢菌、乳酸菌、酵母菌等活菌微生态制剂，通过调节仔猪肠道微生物的平衡，从而抑制病菌生长。

④已经发生猪腹泻的猪场采用“消、抗、补”综合防治　一是消毒，采用戊二醛－癸甲溴铵溶液，按1∶1 000稀释后对圈舍器具喷洒消毒。二是抗菌，病毒性腹泻选用阿莫西林粉拌料或饮水，防治继发细菌感染；仔猪红痢肌内注射“痢菌净注射液＋阿托品注射液”；仔猪球虫病口服“地克珠利＋磺胺氯哒嗪钠粉”；仔猪副伤寒肌内注射“头孢噻呋＋地塞米松”，可有效降低病猪死亡率。三是补液，病猪口服电解多维，也可按照“100毫升水＋10克葡萄糖＋0.9克食盐”，自配简易糖盐水，给每头病猪灌服。

七、猪常见高热性疾病及防治

37．如何防治猪瘟？

猪瘟又称烂肠瘟，由猪瘟病毒引起，传染性强，致死率高。

其主要特征为急性败血症，即可见多器官内脏出血、坏死和梗死；慢性病例则多出现坏死性肠炎。不同年龄、性别、品种的猪均可感染。由于当前猪瘟兔化弱毒苗的广泛应用，多数猪只都获得了不同程度的抗猪瘟抗体，因此近年来已很少出现最急性猪瘟和急性猪瘟，而多为亚急性猪瘟和温和型猪瘟，相对来说，流行趋于缓和，范围较为局限。

猪瘟的潜伏期较短，一般 5 ~ 9 天，疾病经过可分为最急性、急性、亚急性、慢性和温和型。最急性型病猪通常无明显症状，突然死亡。急性型病猪体温达到 40℃以上，持续高热，临近死亡，可降至正常体温以下，发病初期，病猪喜卧、弓背、寒战及行走摇晃，食欲减退或废绝，病程稍长可出现结膜炎，眼屎多，鼻端、耳后根、腹部及四肢内侧的皮肤等处出现针尖状出血点或红斑，病猪先便秘，后又拉稀，仔猪可伴有神经症状，公猪可出现包皮发炎、积尿，用手可挤出恶臭液体。亚急性和慢性型症状多由急性型转变而来，病猪体温时高时低，便秘、腹泻交替出现，被毛粗乱、消瘦、体弱，耳尖、尾端和四肢下部成红紫色或坏死、脱落，病程可长达一个月以上，最后衰弱死亡，死亡率极高，常继发猪肺疫、副伤寒等疾病。温和型非典型猪瘟主要是断奶后的仔猪及生长猪易发生，症状不典型，病情缓和，病猪食欲时好时坏，粪便时干时稀，呈短暂发热40℃左右，皮肤常有出血点，腹下可见淤血和坏死，致死率较高，一般耐过的病猪生长发育严重受影响，妊娠母猪感染可出现流产、木乃伊胎、死胎等，出生后的猪衰竭并打颤，几天内突然死亡。

对猪瘟病猪剖解可发现浆膜、黏膜和内脏器官有不同程度的出血。其特征性病变多在淋巴结、脾脏和肾脏。全身淋巴结最早出现变化，呈明显肿大，先深红后紫红，切开后呈红白相间的大理石状；肾脏颜色较淡呈土黄色，表面多针尖至小米状不等的出血点，量多时甚至遍布整个肾脏，犹如麻雀蛋模样；脾脏不肿胀，但边缘多见紫黑色的突起出血性梗死，有时梗死灶可连接成带状，这是对猪瘟有诊断意义的病变。喉头黏膜、膀胱、心外膜及胃肠黏膜均有出血点，慢性猪瘟的出血及梗死病理变化较少，主要表现为坏死性肠炎，大肠的回盲瓣处多形成纽扣状溃疡。

预防应做到在引种时，就地注射猪瘟兔化弱毒苗，待产生免疫力后（7 天）再引入场内，隔离饲养 2 ~ 3 周。另外注意购买质量可靠的疫苗，免疫时应做到头头免疫，最好“一猪一针”，避免交叉感染。

加强猪瘟抗体检测，可在免疫后定期抽样，送专业机构检查猪瘟抗体产生情况，制定本场免疫程序。推荐免疫程序如下。

①初产母猪　配种前接种一次，4 头份/头，经产母猪断奶时免疫，剂量同前，公猪一年免疫两次，剂量同前。

②在已发生过猪瘟疫情的猪场　可在仔猪出生后先注射猪瘟疫苗 1 ~ 2 头份/头，2 小时后再进行初乳喂养。这种方法虽然较麻烦，但效果较好。另外，建议在猪 50 ~ 70 日龄进行二免或根据抗体检测结果决定二免时间。

③在无疫情猪场中　仔猪可在 20 ~ 30 日龄实施首免 2 头份/头，50 ~ 60 日龄二免 4 头份/头，再根据实际抗体情况决定是否进行三免。

临床实践中，有在发生猪瘟后按照 8 ~ 12 头份/头紧急接种的受威胁猪群，获得较好防治效果的事例。治疗上可使用全群口服阿莫西林克拉维酸钾可溶性粉，防止继发感染，同时进行解热、抗炎、补液、促食对症治疗。

38．如何防治猪链球菌病?

猪链球菌病是由多种致病性猪链球菌感染而引起的一种人畜共患的急性、热性传染病，属农业部规定的二类动物疫病。该病可引起猪的急性败血症、脑膜炎、关节炎、化脓性淋巴结炎及怀孕母猪流产等病症，近几年常与猪瘟、蓝耳病等混合感染。

急性败血症一般发生在流行初期，病猪突然发病或死亡，精神沉郁，体温升至41～42℃，稽留热，减食或不食，眼结膜潮红，流泪，有浆液性或脓性鼻液，呼吸浅而快，部分病猪在发病的后期，耳尖、四肢下端、腹下可见有紫红色或出血性红斑，有跛行症状出现。脑膜炎多见于哺乳仔猪和保育仔猪，可出现转圈、空嚼、磨牙等神经症状，甚至昏迷死亡。关节炎型表现为病猪肢关节肿胀，跛行，甚至不能起立。化脓性淋巴结炎多见于颌下淋巴结，咽喉、耳下、颈部等淋巴结也可发生，一般不引起死亡，患部呈现化脓性炎症，切开患部或自行破溃流出绿色或黄绿色脓性物。该病解剖可见病猪全身淋巴结肿大、充血出血，肺充血肿胀，心包内有淡黄色积液，部分有纤维素渗出，心脏表面散在分布出血点，肝脾肿大，有时表面附有纤维素膜，有的小肠浆膜出血或附着少量纤维素渗出物，脑膜有充血、出血症状，脑脊液浑浊，关节囊内有黄色胶样液体，关节软骨坏死。

治疗上应早用药，用足药。一般来说，头孢噻呋、恩诺沙星、磺胺六甲氧嘧啶等药物对该病均有效。治疗该病首选药为头孢噻呋，按照5～10毫克/千克体重肌内注射治疗，一日2次直至痊愈。对于重症病例可头孢噻呋、地塞米松、安乃近联合注射。对于出现脓肿病猪，可在脓肿成熟时，切开脓肿后用3%

双氧水或0.1%高锰酸钾溶液冲洗，并用5%聚维酮碘消毒创口，口服阿莫西林克拉维酸钾可溶性粉剂药物。

39. 如何防治猪口蹄疫?

口蹄疫是由口蹄疫病毒感染偶蹄类动物引起的急性、热性、接触性传染病，世界动物卫生组织早已把该病列为A类法定传染病中的第一类传染病。本病无明显季节性，但在冬季和初春时节发病率较高，临诊症状主要表现为病猪体温升高，跛行明显，蹄部皮肤、口腔、舌面黏膜等部位出现大小不一的水疱和溃疡，母猪乳头、乳房处也可出现水疱。水疱破溃后，如无细菌继发感染，1~3周病损结痂部位愈合。感染仔猪后，水疱一般不明显，主要为胃肠炎和心肌炎，致死率高达80%以上，解剖可见心包膜有散在性出血点，心肌柔软呈水煮样，切面有灰白或淡黄色条纹是该病典型特征，又称虎斑心。成年猪感染后致死率一般较低，不超过3%。妊娠母猪感染后可出现流产。

对圈舍进行日常消毒是控制本病流行的根本方法，圈舍可用戊二醛-癸甲溴铵溶液，按1:200稀释后喷洒。免疫上，油佐剂灭活疫苗的注射密度达80%以上时，能有效遏制口蹄疫流行，种猪一般3个月免疫一次，仔猪40~45日龄首免，100~105日龄进行二免，也可根据各地实际情况合理制定免疫程序。

一旦发生疫情，一般不允许治疗，应及时上报兽医和监督机关，并采取扑杀措施，同时严格封锁疫点、疫区，全面消毒。

八、猪常见呼吸道疾病及防治

呼吸道疾病种类繁多，同时也多伴有高热、高致病性的特征，具有部分典型特征和共性。这类病是以呼吸系统病变为主要特征，一般在气候变化较大、天气寒冷等时候更易感染，在防治上，除可参考高热疾病治疗原则外，还要特别注意在季节变换时加强猪的管理措施，例如天气降温时就应及时采取保温措施，预防猪肺疫等病发生。

40．如何防治猪肺疫？

猪肺疫又称锁喉疯，是由猪巴氏杆菌引起的一种急性、热性和败血型传染病。当气候剧变，猪处于营养缺乏、疲劳等状态下，其抵抗力下降，易引发该病。另外本病也可经消化道、呼吸道或昆虫叮咬传染健康猪。

本病最急性型一般无任何症状，病猪突然发病，迅速死亡。病程稍长的，病猪体温升至41℃以上，食欲废绝，呼吸急促，呈犬坐姿势，其特征是咽喉部和颈部红肿、发热、坚硬明显，故称“锁喉风”。后期口鼻流出白色或带血色泡沫，耳根、腹侧、四肢内侧皮肤出现红斑，最后窒息死亡。急性型为主要病型，初期高烧，呼吸困难，产生痉挛性干咳，口鼻流出白沫，有时混有血液，后变为湿咳。随病程发展，呼吸更加困难，触碰胸部有痛感，皮肤出现红斑，后期衰弱无力，卧地不起，几天后死亡，不死者转为慢性。慢性型主要表现为肺炎和慢性胃肠炎，时有持续性咳嗽和呼吸困难，有少许脓性鼻液，常有腹泻，食欲不振，营养不良，有痂样湿疹，发育停止，极度消瘦，多数发生死亡。解剖可见全身黏膜、浆膜及皮下出血，气管、支气管有泡沫状黏液，淋巴结出血，另外肺伴有水肿，胸膜有纤维素渗出物，严重时与肺粘连。

免疫方面，目前使用的疫苗有猪瘟、猪肺疫二联苗和猪瘟、猪丹毒、猪肺疫三联苗等。另外，在天气变化发现零星病猪时，需对全群进行预防投药，可在饮水中添加阿莫西林克拉维酸钾可溶性粉剂或氟苯尼考粉剂，发病病猪可选用敏感的抗生素，如恩诺沙星、环丙沙星、氟苯尼考、强力霉素，与磺胺类合用效果更佳，炎症反应严重的病例同时配合地塞米松治疗。

41. 如何预防猪气喘病?

猪喘气病是由猪肺炎支原体引起的一种高度接触性传染病，该病以冬季和初春发病较多。该病病原主要寄生在病猪呼吸道中，随病猪呼吸、喘气等排出体外，传染其他健康猪只。

当一大群猪发生阵性干咳、喘气、生长迟缓、死亡率低时即可怀疑是本病。解剖可见肺的心叶、尖叶、隔叶及中间叶对称性病变，病变与健康组织分界清楚。急性病变以肺水肿和气肿为主，呈深紫红色。早期病变在心叶，病灶如豆大，随着病程延长，病灶不断扩大，融合成支气管肺炎，病变颜色也由紫红色、深红色变成灰白色，可见虾肉样实变。

用药治疗上，磺胺、青霉素、链霉素及红霉素等效果不理想，可使用泰妙菌素和金霉素联合进行治疗。

42. 如何防治猪传染性胸膜肺炎?

猪传染性胸膜肺炎是由胸膜肺炎放线杆菌引起的一种严重的接触性传染病，主要表现为急性出血性纤维素性肺炎和慢性纤维素性坏死性肺炎。各年龄段猪均可感染，该病在春秋两季易发，饲养环境突变、气温突变、饲养密集等也是该病的诱因。

该病临诊症状常见病猪体温升高，呼吸极度困难，严重者口鼻处有泡沫样血色分泌物流出，全身皮肤发绀，急性病例出现临诊症状后 24 ~36 小时死亡，也有部分病猪不表现任何症状即突然死亡。亚急性和慢性病例出现不同程度的自发性或间歇性咳嗽，生长迟缓。剖解可见病猪呼吸道有泡沫状血色黏性分泌物，肺脏有纤维素性渗出物，并有干酪样坏死灶。有的由于细菌性感染，可出现脓肿，在其上有纤维素附着，并与胸膜、胸腔壁、心包之间发生粘连。

临床上，本病与副猪嗜血杆菌病、猪肺疫容易混淆，但三者治疗方案类似，一旦发病，均选择全群饮水加药，针对严重病例，采用肌内注射头孢噻呋、地塞米松和氟尼辛葡甲胺的治疗方法。

43. 如何防治猪流行性感冒？

猪流行性感冒是由猪流感病毒引起的一种猪急性接触性的呼吸系统传染性疾病。该病常与猪肺疫、链球菌病、副猪嗜血杆菌病混合感染，使病情加重。各年龄段猪均易感病，猪只免疫力下降是本病诱因之一。秋末、寒冬及初春，特别是寒潮来袭时易大规模爆发。该病潜伏期一般为 2 ~ 7 天，虽然发病率较高，但死亡率一般较低（4% 左右）。

病猪发病初期，体温升高至40℃以上，常挤在一起不愿站立，呈腹式呼吸，阵发性咳嗽，眼、鼻处有黏性分泌物流出，持续 4 ~ 5 天后，大部分转好，但不及时治疗，可继发支气管炎、肺炎等。解剖可见呼吸道黏膜充血、肿胀，表面附着有黏性液体，部分猪只胸腔、心包内有纤维素性渗出物。肺脏病变主要发生在心叶、尖叶、膈叶及中间叶等部位，病变与健康组织有明显界限，颜色由红至紫，塌陷，坚实似皮革。

预防该病应密切注意天气变化，一旦降温，应及时给猪群保温；免疫方面，可用猪流感灭活苗对猪持续接种两次；治疗上可口服板青颗粒，另外可使用抗生素类药物防止细菌继发感染。对于尚未发病的猪只，需对其进行紧急免疫，同时在饲料或饮水中添加黄芪多糖或电解多维，提高其抵抗力。

44. 如何防治副猪嗜血杆菌病？

副猪嗜血杆菌病又称纤维素性浆膜炎和关节炎，近年来，我国关于该病报道屡见不鲜，尤其是在猪场受蓝耳、圆环病毒病感染后猪只免疫抵抗力降低时，副猪嗜血杆菌病伺机爆发，经济损失严重。

临床上该病以体温升高、关节肿胀、呼吸困难、多发性浆膜炎、关节炎和高死亡率为特征。解剖可见病猪胸膜、腹膜、心包膜等多处有纤维素或浆液性渗出，内脏、隔膜、腹腔胸腔内壁发生广泛性粘连，肺脏肿胀出血，心包积液明显，胸水、腹水增多。以上病理特征以不同组合出现，较少单独存在。

多数副猪嗜血杆菌病对常用抗生素产生较为严重的多重耐药性。阿米卡星和头孢噻呋对其有较好抑制作用。一旦诊断出该病或据该病明显症状时，可采用全群口服添加阿莫西林克拉维酸钾粉剂，病猪肌内注射阿米卡星和头孢噻呋。

九、猪常见繁殖障碍性疾病及防治

45. 如何防治猪伪狂犬病？

猪伪狂犬病是由伪狂犬病毒引起的多种家畜和野生动物的急性传染病。该病呈爆发性流行，临诊特征为体温升高，并侵害消化系统，引起妊娠母猪流产、死胎及呼吸系统临诊症状；公猪表现为繁殖障碍。该病在我国广泛存在，并严重发病，一旦发病很难根除，是危害养猪业的重大传染病之一。

病猪为本病重要传染源。伪狂犬病毒主要通过已感染猪排毒而传给健康猪，亦可通过皮肤伤口传染。被伪狂犬病毒感染的工作人员和污染器具在本病传播中起着重要的作用。母猪感染本病后6～7天乳中有病毒，乳猪可因吃奶而感染，妊娠母猪感染本病后，常可造成垂直传播而侵入胎儿。感染的种猪可长期带毒。伪狂犬病的发生具有一定的季节性，多发生在寒冷的季节，但其他季节也有发生。

根据病猪的临床症状、流行病学资料综合分析，如病猪体温升高，表现神经症状及消化系统障碍，妊娠母猪出现流产、死胎和呼吸系统症状，病猪口吐白沫、肝有白色坏死和发病日龄等可作初步诊断，确诊必须进行实验室诊断。

本病目前尚无特效治疗药物，紧急情况下对感染发病猪可注射猪伪狂犬病高免血清，同时配合黄芪多糖等免疫增强剂进行治疗，可明显降低发病猪的死亡率。对未发病的受威胁猪只进行紧急免疫接种，以提高猪只抵抗力，减少发病，最大限度降低经济损失。

免疫接种仍是预防和控制本病的主要措施。在本病刚刚发生和流行的猪场，用高滴度的基因缺失疫苗鼻内接种，可以达到很快控制病情的目的。从未发病的健康猪场最好采用灭活疫苗免疫，初产母猪产前42天和产前28天各注射一次，经产母猪在产前28天注射疫苗一次即可。如果是污染猪场，除了产前母猪注射灭活疫苗外，母猪分娩后，仔猪断奶以及育肥猪也应在2～4月龄时注射一次伪狂犬病弱毒疫苗，如果只免疫种猪，育肥猪感染病毒后可向外排毒，直接威胁种猪群。

除此之外，还应加强饲养管理，对新引进的猪只要进行严格的检疫，引进后要隔离观察、抽血检验，对检出阳性的猪要隔离饲养，育肥后淘汰，不可作种用。做好卫生消毒，用1%～2%氢氧化钠溶液消毒或戊二醛－癸甲溴铵溶液1∶500稀释喷洒消毒，可杀死病毒；积极开展防鼠灭鼠，降低带毒鼠类污染饮水及猪舍用具而使猪感染的概率，因此，消灭饲养场的鼠类对控制本病具有重要意义。

46. 如何防治猪细小病毒病?

猪细小病毒病是由猪细小病毒引起猪的繁殖障碍性疾病，其特征为初产母猪产出死胎、畸形胎、木乃伊胎及病弱仔猪，偶有流产，母猪本身无明显症状。猪是本病的唯一宿主，不同年龄、品种、性别的猪和野猪均可感染。本病常见于初产母猪，多发于4～10月份或母猪产仔和交配后的一段时间。本病具有很高的感染性，病毒侵入易感的健康猪群后，3个月内几乎猪群100%感染，猪只感染3～7天开始排毒，污染环境可持续数年。感染本病的母猪、公猪及污染精液是主要传染源，可经胎儿垂直感染和交配感染。公猪、母猪和育肥猪可经呼吸道、消化道感染。

本病尚无有效治疗手段，对发病猪应及时补水和补盐，给予大量的口服补液盐，防止脱水，并使用抗菌素，防止继发感染。定期检查公猪感染状况，淘汰阳性公猪。疫苗接种，对初产母猪在配种前2个月注射细小病毒灭活苗2头份，配种前一个月可二免，母猪产后15天加免细小病毒灭活苗2头份，公猪在配种前1～2个月内也要进行免疫注射。在存在本病的猪场，可考虑采用自然感染免疫法，具体方法为在后备猪种群中放入一些血清阳性的经产母猪，将后备母猪放在感染圈内饲养约

1个月左右，从而使后备母猪感染，获得主动免疫力。

47. 如何防治猪繁殖和呼吸障碍综合征?

猪繁殖与呼吸综合征，俗称蓝耳病。主要由猪繁殖和呼吸障碍综合征病毒引起，可导致母猪出现繁殖障碍及仔猪出现严重呼吸道疾病，是一种严重影响经济效益的猪传染病。本病是一种高度接触性传染病，呈地方流行性。蓝耳病只感染猪，不同品种、年龄和生理生长阶段的猪均可感染，但以妊娠母猪最易感。患病猪和带毒猪是本病的重要传染源。主要传播途径是接触感染、空气传播和精液传播，也可通过胎盘垂直传播。持续性感染是蓝耳病流行病学的重要特征，蓝耳病病毒可在感染猪体内存在很长时间。

本病的临诊症状变化很大，且受病毒株、免疫状态及饲养管理因素和环境条件的影响。低毒株可引起猪群无临诊症状的流行，而强毒株能够引起严重的临诊疾病，临诊上可分为急性型、慢性型等。

①急性型　发病母猪主要表现为精神沉郁，食欲减少或废绝，发热，出现不同程度的呼吸困难；妊娠后期，母猪发生流产、早产、死胎、木乃伊胎、弱仔。母猪流产率可达50%～70%，死产率可达35%以上，木乃伊胎可达25%，少数母猪表现为产后无乳、胎衣停滞及阴道分泌物增多。

②慢性型　是目前规模化猪场蓝耳病表现的主要形式。母猪群的繁殖性能下降，免疫功能下降，易继发感染其他细菌性和病毒性疾病。

蓝耳病保健方案中建议不要使用氟苯尼考类药物，慎用磺胺药物。药物治疗方面，要考虑应激、毒副作用、免疫抑制和诸多并发感染。消毒采用5%聚维酮碘或戊二醛－癸甲溴铵溶液。

48. 如何防治猪流行性乙型脑炎?

乙型脑炎是自然疫源性疫病，主要通过蚊虫叮咬进行传播，由乙型脑炎病毒引起的急性人兽共患传染病，猪的感染最为普遍，且多发生在6月龄以上猪。本病感染率高，发病率只有20%～30%，死亡率较低；新疫区发病时表现典型症状，老疫区猪多不表现任何症状，但体内长期带毒。猪只感染乙脑时，主要以母猪流产、死胎和公猪睾丸炎为特征。

治疗效果不理想，只能对症治疗，且应注意个体防护，一旦确诊，最好淘汰。做好死胎儿、胎盘及分泌物等的处理。驱灭蚊虫，注意消灭越冬蚊。在流行地区猪场，在蚊虫开始活动前1～2个月，对4月龄以上至两岁的公猪、母猪，应用乙型脑炎弱毒疫苗进行预防注射，第二年加强免疫一次，免疫期可达3年，有较好的预防效果。

十、非洲猪瘟及防治

49. 什么是非洲猪瘟?

非洲猪瘟（African Swine Fever，ASF）是由非洲猪瘟病毒（African Swine Fever Virus，ASFV）感染家猪和野猪引起的一种急性、出血性、烈性传染病，发病率和死亡率可高达100%，是我国重点防范的一类动物疫情，也是世界动物卫生组织法定报告动物疫病。本病自1921年在肯尼亚首次报道，2018年8月3日我国确诊首例非洲猪瘟疫情，目前尚无有效疫苗和药物用于预防和治疗该病。

50. 非洲猪瘟的流行病学特点有哪些?

①易感动物 所有猪科物种、不同年龄阶段都易感，但仅对家养猪、野生家猪，以及它们的近亲欧洲野猪致病，非洲野生猪科动物只是非洲猪瘟的无症状携带者，不发病。梦特哥马利氏（Montgomery）等于1921年曾设法试验白鼠、天竺鼠、兔、猫、犬、山羊、绵羊、牛、马、鸽等动物，都未被感染成功。非洲猪瘟不是人畜共患病，病毒不直接或间接感染人。

②潜伏期 ASF的潜伏期一般为3~19天，急性型一般3~4天，世界动物卫生组织（Office International des Epizooties, OIE）法典规定的潜伏期为15天。人工接种ASFV强毒株的潜伏期为1~5天，潜伏期的长短与病毒的感染量、病毒的毒力、病毒侵入的途径、猪自身的耐受力等因素有关。根据毒力和临床表现差异，可将ASF分为最急性型（强毒株)、急性型（强毒株)、亚急性（中等毒力毒株）和慢性型（弱毒株)。最急性型和急性型发病率和死亡率可达100%。

③传染源 感染ASFV的家猪（感染猪、发病猪、耐过猪)、猪肉及其制品、野猪、软蜱、受污染的饲料、运输车辆、人员、设施等均为重要的传染源。蜱虫也称为钝缘蜱，与非洲野生猪科动物，包括非洲疣猪、灌丛野猪和巨型森林猪都是ASFV的天然储存宿主。ASFV在各种环境条件下的适应力见表4。

表4 ASFV在各种环境条件下的适应力

材料/产品	ASFV存活时间
有骨头和没有骨头的肉及碎肉	105天
咸肉	182天

续表

材料/产品	ASFV 存活时间
熟肉（70℃，>30 分钟）	0
干肉	300 天
熏肉和剔骨肉	30 天
冻结肉	1 000 天
冷冻肉	110 天
内脏	105 天
皮肤/脂肪（及时干燥）	300 天
在 4℃储存的血液	18 个月
室温下的粪便	11 天
腐烂的血液	15 周
被污染的猪圈	1 个月

注：1. 选自《非洲猪瘟的科学观点》，欧洲食品安全署杂志 2010：8（3）：1556；2. 所给出的时间反映已知或估计的最大持续时间，并取决于实际环境温度和湿度。

④传播途径　ASF 主要通过接触传播，包括猪与猪、猪与人、猪与被污染的物品，包括饲料、泔水、水源、运猪车、工具等的接触。当病毒量足够高时（急性感染 ASFV 的猪），可通过空气传播病毒，还可通过蜱虫叮咬等其他方式传播病毒。

51. 非洲猪瘟有哪些临床表现和剖检病变?

非洲猪瘟的特征通常是猪突然死亡。所有年龄和性别的猪都可能受到影响。与同群动物分离饲养的猪，由于 ASF 主要是接触传染，其生产、管理和生物安全措施的不同，在猪之间或猪群间的传播可能会从几天到几周不等，有的可能不会感染。

ASF虽然具有极高的致死性，但其传染性不如其他一些跨物种动物疫病，如口蹄疫。此外，非洲的一些本地猪种已经对ASF产生了一定程度的耐受力，和家猪亲缘关系近的野猪，会出现相同的临床表现。

与ASF感染相关的临床体征具有高度可变性，见表5。根据其毒力，ASFV分为三个主要类别：高毒力毒株、中等毒力毒株和低毒力毒株。ASF的临床表现形式从特急性（非常急）到无症状（不明显）。高毒力的ASFV引发特急性和急性症状，中等毒力菌株引发急性和亚急性的症状。

表5 不同类型的ASF的主要临床表现和剖检病变

	特急性	急性	亚急性	慢性
发热	高	高	中等	不规则或不存在
血小板减少症	不存在	不存在或轻微（后期）	短暂	不存在
皮肤	红斑	红斑	红斑	坏死区域
淋巴结		胃、肠和肾淋巴结出现大理石样病变	大多数淋巴结呈现血凝块状	肿胀
脾		脾脏充血肿大	脾局部充血肿大或灶性梗死	正常颜色，变大
肾		淤斑出血，主要在皮质层	在皮质、髓质和肾盂的淤斑出血；肾周水肿	
肺		严重的肺泡水肿		胸膜炎和肺炎
胆囊		淤斑的出血	壁水肿	
心		心外膜和心内膜出血	心外膜和心内膜出血；心包积液	纤维性心包炎

续表

	特急性	急性	亚急性	慢性
扁桃体				坏死灶
生殖变化			流产	流产

注：选自 Sanchez - Vizcaino 等，2015。

目前，已发现疫病流行区，在中、强毒株传播的同时存在低毒力毒株，受其感染后临床表现相对温和，有时可表现为亚临床或慢性症状。发病率，即受影响动物的比例取决于病毒毒株和暴露途径。临床表现从感染 7 天之内急性死亡，到持续几周或几个月的慢性感染不等。致死率取决于毒株的毒力，变化范围大。高毒力毒株的致死率可达 100%，且所有年龄猪易感。慢性型致死率可低于 20%，死亡主要发生在妊娠、幼年、有并发症或由于其他原因而抵抗力下降的猪中。在一些流行地区，由于当地猪对病毒产生抵抗力，感染高毒力非洲猪瘟毒株后的存活率也可能较高。

①特急性　特征是高烧 41 ~42℃，食欲不振和不活动。1 ~3 天内可能发生突然死亡，无任何临床表现。通常情况下，临床症状和器官病变都不明显。

②急性　在 4 ~7 天，极少情况下可长达 14 天的潜伏期后，患有急性 ASF 的猪出现发热 40 ~42℃，食欲不振；猪看起来嗜睡而且虚弱，蜷缩在一起，呼吸频率增加。对于高毒力毒株感染，死亡常发生在 6 ~9 天之内，中等毒力毒株感染死亡通常为 11 ~15 天，致死率往往接近 90% ~100%。急性形式容易与其他疫病相混淆，主要是与经典猪瘟、猪丹毒、沙门氏菌病及其他原因引起的败血症混淆。受感染的猪可能会不同程度地表现

出一种或几种不同比例的临床症状：在耳朵、腹部或后腿出现青紫区和斑点状或片状出血点；眼和鼻的分泌物；胸部、腹部、会阴、尾巴和腿部皮肤发红；便秘或腹泻，可能从黏液到血液（黑便）；呕吐；妊娠母猪在孕期各个阶段流产；鼻子和口腔出现血液泡沫和眼睛的分泌物；尾部周围的区域可能被带血的粪便污染。由于皮肤较深和毛发较浓密，皮肤上的颜色变化和出血很容易就被忽视，深色皮肤的猪品种更是如此。

尽管可以观察到外部临床症状，但死于急性 ASF 的猪的尸体也可能表观身体状况良好，最明显的剖检病变是淋巴结，特别是胃肠和肾增大、水肿以及整个淋巴结出血，形态类似于血块，脾脏增大、脆化，圆形边缘变深红色甚至黑色，以及在肾脏包膜上的淤点（斑点状出血）。剖检通常显示以下几种情况：皮下出血；过量液体存在于心脏，具有淡黄色流体的心包积水和体腔水肿、腹水；心脏表面心外膜、膀胱和肾脏皮层和肾盂有出血点；肺可能出现充血和淤点，气管和支气管有泡沫，严重肺泡和间质性肺水肿；淤点、淤斑（较大的出血），胃，小肠和大肠中过量的凝血；肝充血和胆囊出血。

③亚急性　亚急性型 ASF 由中等毒力的毒株引起的，在流行地区感染的猪通常在 7 ~20 天内死亡，致死率 30% －70% 不等。幸存的猪可能在一个月后恢复。临床症状与急性型观察到的临床症状相似，虽然通常较不强烈，除较为明显的血管病变，主要是出血和水肿。常见不同程度的发烧，伴随着消沉和食欲不振。行走时可能会出现疼痛，关节通常会因积液和纤维化而肿胀。可能有呼吸困难和肺炎的迹象。妊娠母猪可能流产。浆液性心包炎，心脏周围液体充盈，经常发展成更严重的纤维素性心包炎。

④慢性　慢性非洲猪瘟通常死亡率低于30%。慢性形态或源于自然致弱的病毒，或疑似来自于20世纪60年代伊比利亚半岛失败的弱毒疫苗田间试验。临床症状为感染后14～21天开始轻度发烧，伴随轻度呼吸困难和中度至重度关节肿胀。通常还出现皮肤红斑、凸起、坏死，剖检显示肺部伴干酪样坏死，有时伴有局部钙化的肺炎。纤维性心包炎以及淋巴结，主要是纵隔淋巴结肿大及局部出血。

52．如何进行非洲猪瘟实验室诊断?

非洲猪瘟临床症状与古典猪瘟、高致病性猪蓝耳病、猪丹毒等疫病相似，必须通过实验室检测进行鉴别诊断。

(1) 样品的采集、运输和保存

非洲猪瘟样品可采集发病动物或同群动物的血清样品和病原学样品，病原学样品主要包括抗凝血、脾脏、扁桃体、淋巴结、肾脏和骨髓等。如环境中存在钝缘软蜱，也应一并采集。

样品的包装和运输应符合农业农村部《高致病性动物病原微生物菌（毒）种或者样本运输包装规范》等规定。规范填写采样登记表，采集的样品应在冷藏密封状态下运输到相关实验室。

1）血清样品

无菌采集5毫升血液样品，室温放置12～24小时，收集血清，冷藏运输。到达检测实验室后，冷冻保存。

2）病原学样品

①抗凝血样品　无菌采集5毫升乙二胺四乙酸抗凝血，冷藏运输。到达检测实验室后，−70℃冷冻保存。

②组织样品　首选脾脏，其次为扁桃体、淋巴结、肾脏、

骨髓等，冷藏运输。样品到达检测实验室后，-70℃保存。

③钝缘软蜱　将收集的钝缘软蜱放入有螺旋盖的样品瓶/管中，放入少量土壤，盖内衬以纱布，常温保存运输。到达检测实验室后，-70℃冷冻保存或置于液氮中；如仅对样品进行形态学观察，可以放入100%酒精中保存。

（2）抗体检测

抗体检测可采用间接酶联免疫吸附试验、阻断酶联免疫吸附试验和间接荧光抗体试验等方法。

抗体检测应在符合相关生物安全要求的省级动物疫病预防控制机构实验室，以及受委托的相关实验室进行。

（3）病原学检测

①病原学快速检测　可采用双抗体夹心酶联免疫吸附试验、聚合酶链式反应和实时荧光聚合酶链式反应等方法。

②病毒分离鉴定　可采用细胞培养等方法。从事非洲猪瘟病毒分离鉴定工作，必须经农业农村部批准。

（4）结果判定

判定结果分可疑疫情、疑似疫情和确诊疫情三种类型。

第一种类型，临床可疑疫情，猪群符合流行病学、临床症状、剖检病变标准之一的，判定为临床可疑疫情。其判定标准：

1）流行病学标准

①已经按照程序规范接种猪瘟、高致病性猪蓝耳病等疫苗，但猪群发病率、病死率依然超出正常范围。

②饲喂餐厨剩余物的猪群，出现高发病率、高病死率。

③调入猪群、更换饲料、外来人员和车辆进入猪场、畜主和饲养人员购买生猪产品等可能风险事件发生后，15天内出现高发病率、高死亡率。

④野外放养有可能接触垃圾的猪出现发病或死亡。

符合上述4条之一的，判定为符合流行病学标准。

2）临床症状标准

①发病率、病死率超出正常范围或出现无前兆突然死亡。

②皮肤发红或发紫。

③出现高热或结膜炎症状。

④出现腹泻或呕吐症状。

⑤出现神经症状。

符合第①条，且符合其他条之一的，判定为符合临床症状标准。

3）剖检病变标准

①脾脏异常肿大。

②脾脏有出血性梗死。

③下颌淋巴结出血。

④腹腔淋巴结出血。

符合上述任何一条的，判定为符合剖检病变标准。

第二种类型，疑似疫情。对临床可疑疫情，经病原学快速检测方法检测，结果为阳性的，判定为疑似疫情。

第三种类型，确诊疫情。

对疑似疫情，按有关要求经中国动物卫生与流行病学中心或省级动物疫病预防控制机构实验室复核，结果为阳性的，判定为确诊疫情。

53．如何防控非洲猪瘟?

非洲猪瘟是一种复杂的疾病，目前尚无有效的疫苗和治疗方案，现在养殖场（企业）采取的方法是做好猪场生物安全，防止感染非洲猪瘟；如果一旦发现感染非洲猪瘟，及时快速处置。对无本病地区，畜牧兽医主管部门和生猪养殖企业（场）事先应建立快速诊断方法和制定一旦发生本病时的应急方案，可参照农业农村部印发的《非洲猪瘟疫情应急实施方案》。生猪养殖场（企业）可参照农业农村部印发《非洲猪瘟常态化防控技术指南》（试行版）开展非洲猪瘟常态化防控。

十一、猪只免疫

54. 猪只免疫接种哪些疫苗？对应接种日龄是多少？

为预防和控制生猪重大疫病的发生和流行，促进养猪业的健康持续发展，需要对生猪开展疫苗免疫接种，表6为推荐生猪免疫程序。开展猪只免疫接种，不代表所有的疫苗都要全部按程序做完，养猪场（户）可根据自身实际和结合疫病流行情况选择使用。

表6　猪只免疫推荐接种疫苗

类别	防疫时间	疫苗种类	剂量	备注
种公猪	3月、9月	猪瘟细胞苗	5头份	分点同时注射
		口蹄疫灭活苗	2毫升	
	3月	细小病毒灭活疫苗	2毫升	颈部肌内注射
	3月、9月	伪狂犬（HB－98）活疫苗	2头份	颈部肌内注射
	4月上旬	乙脑活疫苗	1头份	颈部肌内注射
	4月、10月中旬	高致病性蓝耳病灭活疫苗	4毫升	耳根颈部肌肉注射
	10月下旬	猪传染性胃肠炎流行性腹泻二联苗	4毫升	后海穴注射

续表

类别	防疫时间	疫苗种类	剂量	备注
后备公母猪		猪瘟细胞苗	4 头份	平均体重达 90 千克左右（6 月龄左右）开始每隔 10 天按顺序注射一次。
		口蹄疫灭活苗	2 毫升	
		伪狂犬（HB－98）活疫苗	2 头份	
		高致病性蓝耳病灭活疫苗	4 毫升	
		细小病毒灭活苗	2 头份	
		乙脑活疫苗	1 头份	
种母猪	配种后 45～50 天	口蹄疫灭活疫苗	2 毫升	
	4 月上旬	乙脑活疫苗	1 头份	颈部肌内注射
	产前 30 天	伪狂犬（HB－98）活疫苗	2 头份	颈部肌内注射
	产前 22～23 天	猪传染性胃肠炎流行性腹泻二联苗	4 毫升	冬春用，后海穴注射
	产前 15～16 天	猪大肠杆菌灭活疫苗（k88/k99）	1.5 头份	颈部肌内注射
	产后第 14 天	细小病毒灭活疫苗	2 毫升	
	产后第 21 天	猪瘟细胞活疫苗	5 头份	颈部肌内注射
	产后第 31 天	高致病性蓝耳病灭活疫苗	4 毫升	耳根颈部肌肉注射
仔猪	出生后第 7 天	链球菌灭活疫苗	2 毫升	颈部肌内注射
	出生后第 10 天	猪水肿病灭活疫苗	2 毫升	猪场可不做
	出生后第 15 天	猪副嗜血杆菌灭活疫苗	2 毫升	颈部肌内注射
	出生后第 21 天	猪瘟活疫苗（细胞源）	4 头份	颈部肌内注射
	出生后第 31 天	高致病性蓝耳病灭活疫苗	2 毫升	颈部肌内注射
	出生后第 38 天	伪狂犬 HB－98 活疫苗	1.5 头份	颈部肌内注射
	出生后第 60 天	高致病性蓝耳病灭活疫苗	3 毫升	颈部肌内注射
	出生后第 80 天	猪瘟细胞苗	4 头份	颈部肌内注射
		口蹄疫灭活苗	2 毫升	颈部肌内注射

第二部分

鸡高效养殖技术问答

一、鸡的品种

1. 目前生产中有哪些主要蛋鸡品种?

蛋鸡品种按其产蛋蛋壳颜色可分为白壳蛋鸡、褐壳蛋鸡、粉壳蛋鸡和绿壳蛋鸡。

(1) 白壳蛋鸡

①迪卡白壳蛋鸡　它具有开产早、产蛋多、饲料报酬高、抗病力强等特点，凭高产、低耗料等优势获得好评。

②海兰白壳蛋鸡　该鸡体型小，羽毛白色，性情温顺，耗料少，抵抗力强，适应性好，产蛋多，饲料转化率高，脱肛、啄羽发生率低。

③巴布可克白壳蛋鸡　该鸡外形特征与白来航鸡很相似，体型轻小，性成熟早，产蛋多，蛋个大，饲料报酬高，死亡率低。

④海赛克斯白壳蛋鸡　该鸡体型小，羽毛白色而紧贴，外形紧凑，生产性能好，属来航鸡型。

⑤罗曼白壳蛋鸡　该鸡在历年欧洲蛋鸡随机抽样测定中，

产蛋量和蛋壳强度均名列前茅。

⑥伊利莎白壳蛋鸡　伊利莎白壳蛋鸡是由上海新杨种畜场育种公司采用传统育种技术和现代分子遗传学手段培育的蛋鸡新品种。具有适应性强、成活率高、抗病力强、产蛋率高和自别雌雄等特点。

⑦北京白壳蛋鸡　北京白壳蛋鸡是由北京市种禽公司培育的三系配套轻型蛋鸡良种。具有单冠白来航的外貌特征，体型小，早熟，耗料少，适应性强。目前优秀的配套系是北京白壳蛋鸡938，商品代可根据羽速自别雌雄。

（2）褐壳蛋鸡

①伊莎褐壳蛋鸡　是从纯种品系中培育的四系配套杂交鸡，A、B系红羽，C、D系白羽，其商品代雏鸡可用羽色自别雌雄，商品代成年母鸡棕红色羽毛，带有白色基羽，皮肤黄色。伊莎褐壳蛋鸡以高产、适应性强、整齐度好而闻名。

②罗斯褐壳蛋鸡　由A、B、C、D四个品系组成，A、B系为红色羽毛，C、D系为白色红斑羽，商品代公雏为银白羽，母雏为金黄羽。

③海兰褐壳蛋鸡　该鸡生命力强，适应性广，产蛋多，饲料转化率高，生产性能优异，商品代可依羽色自别雌雄。

④迪卡褐壳蛋鸡　该鸡适应性强，发育匀称，开产早，产蛋期长，蛋个大，饲料转化率高，其商品代雏鸡可用羽毛自别雌雄。

⑤海赛克斯褐壳蛋鸡　该鸡以适应性强、成活率高、开产早、产蛋多、饲料报酬高而著称。

⑥罗曼褐壳蛋鸡　该鸡适应性好，抗病力强，产蛋量多，饲料转化率高，蛋重适度，蛋的品质好。

⑦雅发褐壳蛋鸡　该鸡有抗病力强、体型较小、耗料少、抗逆性强、成活率高等显著特色。

⑧金慧星褐壳蛋鸡　该鸡具有体型小、饲料报酬好、抗病力强等特点，适应性强，易于饲养。

⑨伊利莎褐壳蛋鸡　该鸡体型适中，适应性好，抗病力强，成活率、产蛋量、种蛋孵化率高，料蛋比低，父母代、商品代均可自别雌雄。

（3）粉壳蛋鸡

①农凤蛋鸡　农凤蛋鸡是成都农业科技职业学院经过多年研究，利用优良地方鸡种作为育种素材，采用先进育种方法培育而成、具有自主知识产权的优质鸡品种。该品种以矮小型品系，即带凤头的宫廷凤凰鸡作母本，与正常型青胫麻羽公鸡杂交，培育出带凤头性状的矮小型青胫麻羽鸡，作为优质鸡母系。该品种除具有明显的“凤头”外包装特征外，肉质细嫩，蛋品醇香，肉蛋品质保持甚至超过了一般土鸡品种，具有广阔的发展前景。

②罗曼粉壳蛋鸡　该鸡商品代羽毛白色，抗病力强，产蛋率高，维持时间长，蛋色一致。

③尼克珊瑚粉壳蛋鸡　该鸡开产早、产蛋多、体重小、耗料少、适应性强。

（4）绿壳蛋鸡

①华绿黑羽绿壳蛋鸡　该鸡体型较小，行动敏捷，适应性强，全身乌黑，具有黑羽、黑皮、黑肉、黑骨、黑内脏五黑特征。蛋壳绿色，高峰产蛋率75%～78%，种蛋受精率88%～92%。

②三凰青壳蛋鸡　该鸡羽毛红褐色，蛋壳青绿色，料蛋比

为2.3∶1。

2. 目前生产中有哪些主要肉鸡品种?

(1) 快大型品种

①艾维茵肉鸡　该肉鸡体型较大，商品代肉用仔鸡羽毛白色，皮肤黄色而光滑，增重快，饲料利用率高，适应性强。

②爱拔益加肉鸡　该肉鸡体型较大，商品代肉用仔鸡羽毛白色，生长速度快，饲养周期短，饲料利用率高，耐粗饲，适应性强，49日龄成活率达98%。

③罗曼肉鸡　该肉鸡体型较大，商品代肉用仔鸡羽毛白色，幼龄时期生长速度快，饲料转化率高，适应性强，产肉性能好。

④宝星肉鸡　该肉鸡商品代羽毛白色，生长速度快，饲料转化率高，适应性强。

⑤伊莎明星肉鸡　该肉鸡商品代羽毛白色，早期生长速度快，饲料转化率高，适应性较强，出栏成活率高。

⑥红宝肉鸡　该肉鸡商品代为有色红羽，具有三黄特征，即黄喙、黄腿、黄皮肤，冠和肉髯鲜红，胸部肌肉发达。屠体皮肤光滑，肉味较好。

⑦海佩克肉鸡　该肉鸡有三种类型，即白羽型、有色羽型和矮小白羽型。三种类型的肉用仔鸡生长发育速度均较快，抗病力较强，饲料报酬高。矮小白羽型肉用仔鸡与白羽肉用仔鸡相似，比有色羽型肉用仔鸡高，而且饲养种鸡时可节省饲料，因而具有较高的经济价值。

⑧海波罗肉鸡　该肉鸡商品代羽毛白色，黄喙、黄腿、黄皮肤，生产性能高，死亡率低。

(2) 优质型品种

①石岐杂鸡　该鸡羽毛黄色，体型与惠阳鸡相似，肉质好。

②新浦东鸡　羽毛颜色为棕黄或深黄，皮肤微黄，胫黄色。

③海新肉鸡　优质型海新201、海新202生长速度较快，饲料转化率高，肉质好，味鲜美。

④苏禽85肉鸡　该肉鸡商品代羽毛黄色，胸肌发达，体质适度，肉质细嫩，滋味鲜美。

⑤新兴黄鸡　三黄特征明显，体型团圆，在尾羽、鞍羽、颈羽、主翼羽处有轻度黑羽。

⑥大恒肉鸡　该肉鸡是四川省畜牧科学研究院自主创新育成的“大恒肉鸡配套系”，完全以地方鸡种资源为素材，既保持地方鸡种外观和肉质风味，又大幅度提高了生产效率，被农业部推荐为全国集中连片特殊困难地区农业适用品种，大恒优质肉鸡在全国的广泛应用与推广，为促进我国优质肉鸡产业迅速发展和农民致富增收做出了突出贡献。

⑦农凤鸡　该品种以矮小型品系，即带凤头的宫廷凤凰鸡作母本，与正常型青胫麻羽公鸡杂交，培育出带凤头性状的矮小型青胫麻羽鸡，作为优质鸡母系。该品种除具有明显的“凤头”外形特征外，肉质细嫩，具有广阔的发展前景。

二、鸡场场址的选择

3. 规模化鸡场选址的基本要求有哪些?

根据《中华人民共和国畜牧法》《中华人民共和国动物防疫法》有关条款，对规模养殖场选址作出要求。

①符合当地养殖业规划布局的总体要求，建在规定的非禁养区内。

②符合环境保护和动物防疫要求。新建、改建和扩建养殖

场、养殖小区按照《中华人民共和国环境影响评价法》的有关规定进行环境影响评价，并提出切实、可行的污染物治理和综合利用方案。

③符合当地土地利用的总体规划和城乡发展规划，建设永久性养殖场、养殖小区和加工区，不得占用基本农田，充分利用空闲地和未利用土地。

④坚持农牧结合、生态养殖，既要充分考虑饲料供给、运输方便，又要注重公共卫生。

⑤建在地势平坦、场地干燥、水源充足、水质良好、排污方便、交通便利、供电稳定、通风向阳、无污染、无疫源的地方，处于村庄常年主导风向的下风向。

⑥距铁路、县级以上公路、城镇、居民区、学校、医院等公共场所和其他畜禽养殖场1 000 米以上；距屠宰厂、畜产品加工厂、畜禽交易市场、垃圾及污水处理场所、风景旅游以及水源保护区3 000 米以上。

三、鸡的人工授精

4. 什么是鸡的人工授精？有哪些优点？

鸡的人工授精，是利用人工方法将公鸡的精液采取出来，又以人工方法将精液注入母鸡生殖道内，使母鸡的卵子受精的方法。鸡的人工授精具有下列优点。

①可扩大配偶比例，以充分发挥优秀种公鸡的利用率，有利于淘汰劣质公鸡和减少非生产性公鸡的饲养量。

②可提前收取种蛋，有利于提高种蛋受精率。

③可以克服公母鸡由于体型相差悬殊，或品种差异，或母

鸡笼养等造成的自然交配困难，保证了母鸡的配种。

④当个别优秀种公鸡的腿部或其他部位有疾患时，采取人工授精，仍可继续使用。

⑤自然交配时，若公鸡交配器官患病，其精液受到污染，交配过程中可传染给母鸡。采用人工授精，能及时发现公鸡病变，停止使用，从而减少了母鸡生殖道疾病。

⑥人工授精可打破地域界限，采用良好的技术条件，运送精液较之运送种公鸡要方便可靠得多，还可节省费用。

⑦对优秀种公鸡的精液作冷冻保存，即使公鸡死亡仍可获得后代。

⑧由于人工授精大大减少了种公鸡的饲养量，从而降低了非生产性饲料消耗，提高了种鸡利用率，有利于种鸡群饲养管理，降低了成本，提高了经济效益。

5. 怎样对种公鸡进行采精调教训练?

群养的公鸡应在采精前一周转入笼内，熟悉环境，便于采精。开始采精前要进行调教训练。先把公鸡泄殖腔外周约 1 厘米宽的羽毛剪掉，并用生理盐水棉球擦拭干净，或用酒精棉球擦拭，待酒精挥发后方可采精，以防采精时污染精液，同时剪短两侧鞍羽，以免采精时挡住视线。操作人员坐在凳子上，双腿夹住公鸡的双腿，使鸡头向左、鸡尾向右。左手放在鸡的背腰部，拇指在一侧，其余 4 指在另一侧，从背腰向尾部轻轻按摩，连续几次。同时，右手辅助从腹部向泄殖腔方向按摩，轻轻抖动。注意观察公鸡是否有翘尾，出现反射动作，露出充血的生殖突起。每天调教 1 ~2 次，一般健康的公鸡经 3 ~4 天训练即可采出精来。若是发育良好的公鸡，有时在训练当天就可采到精液。种公鸡一般经过数次调教训练后，即可建立性条件反射。采精人员要固定，以使公鸡熟悉和习惯采精手势，培养和建立性反射。

6. 怎样采集种公鸡精液？

用于采精的种公鸡，在采精前3~4小时断食，防止过饱和排粪便，影响精液品质。保定人员用双手各握住种公鸡一只腿，自然分开，以拇指扣其翅，使种公鸡头向后，类似自然交配姿势。采精人员左掌心向下，拇指一方，其余4指一方，从背部靠翼基处向背腰部至尾根处，由轻至重来回按摩，刺激种公鸡将尾翘起，右手中指与无名指夹住集精杯，杯口朝外。待种公鸡有性反射时，左手掌将尾羽向背部拨，右手掌紧贴种公鸡腹部柔软处，拇指与食指分开，置于耻骨下缘，反复抖动按摩，当种公鸡泄殖腔翻开，露出退化的交接器时，左手立即离开背部，用拇指和食指捏住泄殖腔外缘，轻轻挤压，公鸡即射精。这时，右手迅速将集精杯口朝上贴向泄殖腔开口，接收外流的精液。

采精时按摩动作要轻而快，时间过长会引起种公鸡排粪；左手挤压泄殖腔时用力不用过大，以免损伤黏膜而引起出血，使透明液增多，污染精液。采到的精液要注意保温，最好立即放到装有30℃左右温水的保温杯里，切不可让水进入集精杯中。在采精过程中，防止灰尘、杂物进人精液。种公鸡两天采精一次为宜，配种任务大时可每天采精1次，采精3天后休息1天。采精出血的种公鸡应休息3~4天。

7. 对种公鸡采精的过程中常遇到哪些问题？怎样处理？

①精液量极少或没有精液　改善饲养管理，减少应激因素，

保证饲料质量，稳定饲料种类，并搭配均匀。种公鸡发生疾病时，要及时治疗。更换采精人员或改变采精手势、操作不熟练等也能引起精液量极少。有时当构成公鸡排精条件时，用力不当，捏得过紧或过松都影响采精量。

②粪尿污染　按摩时，集精杯口不可垂直对着泄殖腔，应向泄殖腔左或右偏离一点，防止粪便直接排到集精杯内。一旦出现排粪尿时，要将集精杯快速离开泄殖腔。如果精液被粪尿污染严重，应连同精液一起弃掉；如果精液污染较轻，可用吸管将粪尿吸出弃掉。否则，给母鸡输入污染严重的精液，不仅影响受精率，而且会引起输卵管发炎。采精人员应动作敏捷，尽可能避免粪便污染精液。

③精液中带血　精液中带血往往是由于挤压用力过大，手势不对，使乳状突黏膜血管破裂，血液与精液一起混合流出。遇此情况，应用吸管将血液吸出弃掉。血液污染轻的精液，在输精时可加大输精量。

④性反射快　有的种公鸡在采精人员用手触其尾部或背部，甚至保定人员刚将其从笼内抓出时，精液立即射出。这类种公鸡要先标上记号，因公鸡排精时总是有一些排精先兆，应提前做好采精的准备工作，首先采此类种公鸡。

⑤性反射差性　这是由于泄殖腔或腹部肌肉松弛，无弹性。此类种公鸡按一般的按摩采精方法无反应或反应极差。遇此情况，按摩动作要轻，用力要小，并适当调整抱鸡姿势。当出现轻微性反应时，一旦泄殖腔外翻，立即挤压，便采出精液。

8．怎样鉴定种公鸡的精液品质？

①外观品质　检查采到精液后，用肉眼观察每只公鸡的射精量、精液颜色、精液稠度、精液污染等情况，即为精液的外

观品质检查。正常、新鲜的精液为乳白色，一般公鸡一次的射精量为0.2~0.6毫升。

②精子活力检查　精子活力是评定精液品质优劣的重要指标，一般应对采精后、稀释后、冷冻精液解冻后的精液分别进行活力检查。检查时，取精液样品少许放在载玻片中央，然后滴一滴1%氯化钠溶液混合均匀，再压上玻片，在37~38℃保温箱内、200~400倍显微镜下观察，根据若干视野中所能观察到的运动精子占视野内精子总数的百分率，按十级评分法加以评定。

③精子浓度检查　精子浓度指单位容积（1毫升）所含有的精子数目。浓度检查的目的是为确定稀释倍数和输精量提供依据。

④畸形精子检查　取精液滴于载玻片上抹片，自然干燥后用95%酒精固定1~2分钟，冲洗；再用0.5%龙胆紫染色3分钟，冲洗，干燥后即可在显微镜下观察。

9. 怎样进行鸡精液的稀释和保存？

（1）精液的稀释

精液的稀释是指在精液里加入按一定比例配制好的，能保持精子受精力的稀释剂。常用稀释剂有三种。

①葡萄糖稀释液，1 000毫升蒸馏水中加57克葡萄糖。

②蛋黄稀释液，1 000毫升蒸馏水中加42.5克葡萄糖和15毫升新鲜蛋黄。

③生理盐水稀释液，1 000毫升蒸馏水中加10克氯化钠。在1 000毫升稀释液中加40毫克双氢链霉素以预防细菌感染，效果较好。

（2）精液的低温保存

将采取的新鲜精液按1∶1或1∶2比例稀释，然后混匀。将稀释过的精液在15分钟内逐渐降至2～5℃，可以保存9～24小时，再给母鸡输精。

10. 鸡的人工授精应准备哪些器材和用品？

鸡的人工授精需要集精杯、贮精器、输精器、保温杯、玻璃注射器、温度计、消毒盒、电炉、显微镜、毛剪、毛巾、脸盆、试管刷等用具，以及药棉、酒精、生理盐水、蒸馏水。人工授精器具要消毒烘干备用。如无烘干设备，洗干净后用蒸馏水煮沸消毒，再用生理盐水冲洗2～3次才能使用。

11. 怎样给母鸡输精？

输精时由两人操作进行。助手左手伸入笼内抓住母鸡双腿，拉到笼门口，并稍提起，右手拇指与食指、中指在泄殖腔周围稍用力压向腹部；同时抓腿的左手一面拉向后，一面用中指、食指在胸骨后端处稍向上顶，泄殖腔即外翻，内有两个开口，右侧为直肠口，左侧为阴道口。这时将已吸有精液的注射器，也可用专用输精器套在塑料管上插入阴道，慢慢注入精液。同时，助手右手缓缓松开，以防精液溢出。注意，不要将空气或气泡输入输卵管，否则将影响受精率。生产中多采用浅部输精，深度以2.5～3.0厘米为宜。每次输精量以0.025～0.03毫升和有效精子数1亿个为最好。输精次数一般每周输精1～2次。

12. 种鸡的配种年龄和公母比例是多少？

鸡的配种年龄，蛋用型鸡为6～7月龄；兼用型和肉用型鸡需到8月龄以后。公母比例蛋用型鸡为1∶12～1∶15，兼用型鸡为1∶10～1∶12，肉用型鸡为1∶8～1∶10。若采用人工授精技术，各类型鸡的配偶比例可增大到1∶30～1∶50。

13. 母鸡配种后，多长时间能产受精蛋？

公鸡的精子与母鸡的卵子结合形成受精卵的过程叫受精。母鸡经过配种或输精后，精子进入母鸡生殖道内，沿输卵管下行至输卵管漏斗部，当成熟的卵子排出被接纳在漏斗部，适遇精子即进行受精。否则卵子随输卵管的蠕动而下行进入蛋白分泌部（膨大部），便被蛋白包裹而失去受精能力。因而卵子只能在漏斗部受精，且维持受精的时间很短，约15分钟。精子沿输卵管上行到达受精部位约需30分钟，除参与受精的部分精子外，其余可被较长时间贮存，仍具有受精能力。据研究，鸡群中取出公鸡后12天内仍有60%的母鸡可产受精蛋。精子在母鸡生殖道内保持受精能力的时间，有长达30～40天的，但受精率下降。据测定，母鸡在一次交配或输精后48小时即产受精蛋，但以4～5天内受精率最高。因此，母鸡群内配置公鸡的时间，需在收集种蛋的前5～7天。

四、鸡的孵化技术

14. 什么是种蛋？怎样进行种蛋的选择、保存、运输和消毒？

种蛋是可以用作孵化的鸡蛋。在孵化前，对种蛋的选择要遵循以下几个方面。

①种蛋来源　种蛋应来源于高产、健康无病的鸡群，受精

率应在85%以上。千万不能在发生过鸡新城疫、禽流感、禽霍乱、马立克氏病、法氏囊炎、鸡白痢病的鸡群选留种蛋。

②新鲜度　种蛋贮存期短、新鲜，孵化率高，雏鸡体质也好。

③蛋壳质量　蛋壳的组织结构要细致、厚薄适中，沙皮、沙顶、腰鼓蛋都要剔除。

④蛋形　应选择卵圆形蛋。凡过长、短圆、锤把形、两头尖的蛋均要剔除。

⑤洁净度　蛋面必须清洁，具有光泽，蛋面粘有粪便、污泥、饲料、蛋黄、蛋白、垫料等，均应剔除。

⑥内部品质　用光照透视，应气室小，蛋黄清晰，蛋白浓度均匀，蛋内无异物。蛋黄流动性大、蛋内有气泡、偏气室、气室移动的蛋都要剔除。

种蛋应妥善保存，否则质量下降，必然影响孵化效果。保存种蛋的温度不要过高或过低，以8～18℃为宜。为减少蛋内水分蒸发，室内相对湿度应在75%～80%为宜。室内还应注意通风，使室内无特殊气味。种蛋的保存时间，春、秋季不超过7天，夏季不超过5天，冬季不超过10天。保存一周内不用翻蛋，超过一周则每天要以45°角翻蛋1～2次，防止发生粘壳现象。

运输种蛋，最好用专门的蛋箱包装。运输的车、船应清洁卫生，通风透气，防雨防晒，在运输途中切忌震动。长距离运输最好选用飞机，既节省时间，又减少了震动。冬季运蛋时要注意保温防冻。种蛋运抵目的地后应及时打开包装检查，剔除破损蛋，在入孵前重新消毒。

种蛋产后和孵化前都要进行消毒，常用的消毒方法有福尔马林熏蒸消毒法、高锰酸钾溶液消毒法、新洁尔灭消毒法和紫外线消毒法。种蛋消毒后放入蛋盘，蛋应直立或稍倾斜放置，钝端朝上，排列整齐，事先将蛋盘推入架上，置于25～27℃环境中预热6～8小时。最好同时入孵，这样升温较快，胚胎发育均匀一致。

15．影响种蛋孵化率的因素有哪些？

种蛋质量和孵化技术均可影响其孵化率，具体表现在八个方面。

①鸡的品种不同，孵化率表现不同。

②8～13月龄和高产鸡产的蛋，孵化率高，孵出的雏鸡体质壮，成活率也高；公母鸡配合比例得当，孵化率高；饲料营养平衡、全面，孵化率高。

③种蛋贮存时间过长、贮存温度过高或过低，均易造成死胚多，降低孵化率。

④种鸡因受外界刺激，会影响受精率，从而影响孵化率。

⑤种鸡患白痢、支原体等疫病，种蛋被污染，胚胎后期残废率高，降低了孵化率。

⑥种鸡日粮中食盐含量偏高，孵化中、后期死胚增加，导致孵化率明显降低。

⑦种蛋个头过大、过小，形状过长、过圆，蛋壳过薄、过厚等均降低孵化率。

⑧孵化期间不按操作规程，较长时间的温度过高或过低，湿度过高或过低，通风不良，翻蛋或凉蛋不当，也会降低孵化率。

16. 提高种蛋孵化率的措施有哪些？

提高种蛋孵化率可以从五个方面入手：净化鸡群；加强饲养管理，饲喂日粮平衡的配合日粮；提高种蛋受精率，提高种蛋质量；提高孵化技术和管理水平；优化孵化室设计等。

17. 怎样鉴别初生雏公母？

鉴别初生雏公母的方法，主要有羽色、羽速鉴别法，肛门鉴别法，外形鉴别法等。

①羽色、羽速鉴别法　此法是应用伴性遗传理论，培育出自别雌雄品系，然后根据初生雏鸡羽毛的生长速度或颜色差异来鉴别公母。其特点是简便易行，鉴别准确率高，但只适用于自别雌雄品系。

②肛门鉴别法　出壳后的雏鸡经 4～5 小时毛干后，即可进行鉴别，以出壳后 12～24 小时鉴别完为合适。否则，超过 24 小时鉴别准确率低。右手抓住雏鸡，迅速递给左手，雏鸡背部紧贴手掌心，肛门朝上，雏鸡轻夹在小指与无名指之间，用拇指在雏鸡的左腹侧直肠向下轻压，使之排出直肠内积存的胎粪，迅速移向有聚光装置 40～100 瓦乳白灯泡的光线下，这时用右手食指沿着肛门向背部推，右手拇指顺着肛门略向腹部拉，同时左手拇指协同作用，将 3 个手指一起向肛门口靠拢挤压，肛门即可翻开，露出生殖突起部分。肛门翻开后，即可根据雏鸡生殖突起的形状、大小及生殖突起的八字皱襞的形状，识别公母。

五、雏鸡的饲养与管理

18. 雏鸡生长发育的特点主要有哪些?

①雏鸡体温调节机能不完善　初生雏鸡既怕冷又怕热，因此要做好保温降温措施。

②雏鸡生长发育快　短期增重明显，但胃肠容积小，消化能力低，因此要让雏鸡自由采食优质雏鸡日粮，雏鸡刚出壳时体重 35 ~40 克，肉仔鸡经过 8 周饲养后可达到 2.0 千克以上，料重比 2∶1 左右。

③雏鸡合群性很好　但胆小易受惊，对环境变化很敏感，因此育雏期间最好由专人饲养，尽量避免一切干扰。

④雏鸡的抗病能力差　由于雏鸡免疫机能尚未健全，易受多种疾病如鸡白痢、新城疫、球虫病等病的侵袭，因此育雏时要严格防疫隔离，加强免疫接种；同时搞好环境卫生和通风保温措施。

19. 育雏前如何准备育雏用品?

①做好育雏室及育雏设备清洁消毒准备　彻底清洁育雏舍，食槽及饮水器等清洗干净后放消毒液中浸泡半天，清洗干净后可放育雏室，将门窗等封闭好后按每立方米育雏舍用福尔马林 15 毫升、高锰酸钾 7.5 克的剂量进行封闭熏蒸消毒。具体操作方法是，先将适量高锰酸钾加入陶瓷器内，再倒入相应福尔马林；熏蒸后育雏室密闭 24 小时打开门窗，空置 7 天后可以进雏。如果是金属笼具可用酒精喷灯进行火焰消毒，可杀死球虫卵囊，对预防球虫病效果较好。

②准备育雏垫料或者网上育雏材料 地面平养垫料要求清洁、干燥、柔软、吸水性强，如稻草、木屑等，切忌不能使用霉烂潮湿的垫料；网上育雏时，最好在离地面50~60厘米安装支架铺上铁丝网或塑料网，四周可用尼龙做成围栏。

③准备饲料和药品 精选优质雏鸡饲料，同时将多维、药品、疫苗以及注射器、刺种针等准备齐全。

④调试育雏室温度 进雏前将温度计挂于离垫料5厘米处，记录舍内昼夜温度变化情况，要求室温达33℃左右。

⑤净化鸡场周围环境 鸡舍消毒时对其周围道路和生产区出入口进行环境消毒净化，切断病源；清洗后用2%~3%烧碱泼洒地面，再用生石灰撒在路面及生产区出入口。

20. 育雏的温度和时间如何确定?

育雏的温度宜先高后低，即1日龄32℃，7日龄下降到26℃，14日龄时下降到20℃左右，相当于每日下降1℃，直到与外界环境温度相差不大才脱温。夏天育雏时间短至5天，秋季育雏时间长至15~20天，冬季供温的时间要保持5~6周。在保证上述温度的同时，还要根据鸡的实际情况进行灵活地调整。四川地区一般育雏脱温鸡为7~15天，仔鸡为30~40天。

21. 如何选雏和运雏?

(1) 选雏

通过“看、听、摸”进行选雏。

①看 观察雏鸡的精神状态，雏鸡的羽毛整洁度，喙、腿、趾、眼等有无异常，弱雏则眼小无神或缩头闭眼，不爱活动站立不稳等；检查肛门有无粪污、脐部是否柔软、卵黄是否吸收

良好等，由此可判断有无沙门氏菌感染；检查喙、眼、腿、爪等是否畸形。

②听　健雏叫声响亮而清脆，弱雏叫声嘶哑或者喘气困难。

③摸　健雏体重适宜、饱满、挣扎有力。

（2）运雏

运雏的关键是要解决温度与通气的矛盾。只注意保温，不注意通气，会使幼雏闷热、缺氧、窒息死亡。只注意通气，忽视保温，幼雏会受风受凉。一般运雏可用木箱或纸箱，箱的壁上打些通气孔，孔的直径为1~2厘米。一个长70厘米、宽35厘米、高25厘米的运雏箱，可分为2格，每格放雏鸡40~50只。长途运输超过半小时，应中途检查，必要时应打开箱盖通气。一般雏鸡绒毛干后至出壳48小时开始运雏；在运雏途中要求车辆平稳，同时做好保温、通风，适宜的车厢温度为24~28℃。

22．育雏方式有哪些？

育雏分为平面育雏和立体笼养育雏两种。

（1）平面育雏

是指将雏鸡饲养在铺有垫料的地面上或者具有一定高度的网上平养，又可分为更换垫料育雏、厚垫料育雏和网上育雏三种。

①更换垫料育雏　将雏鸡饲养在3~5厘米厚的垫料上，经常更换垫料以保持鸡舍内干燥、温暖。优点是简单便于操作，成本较低；缺点是鸡与粪便经常接触，容易爆发球虫病及感染条件性致病菌。

②厚垫料育雏　将育雏室打扫干净后，撒上一层石灰，再

铺上 5 ~6 厘米的厚垫料，育雏期间增铺垫料至 15 ~20 厘米，育雏结束后一次性清理垫料。该法在北方采用较多，南方由于高温高湿不宜使用。

③网上育雏　将鸡饲养在离地面 50 ~60 厘米高的铁丝网或竹笆网上，网眼 1.2 厘米 ×1.2 厘米，网上育雏既可节省垫料，又可减少雏鸡和鸡粪接触的机会，降低了疾病传播的概率。

（2）立体笼养育雏

将雏鸡饲养在层叠式的育雏笼内，育雏笼一般分为 3 ~5 层，电热育雏笼是采用电热加温的育雏笼具，有多种规格，能自动调节温度。立体育雏和平面育雏比较其优点是充分利用育雏室空间，提高单位面积的利用率，节省垫料，且减少了鸡白痢和球虫病的发生，其缺点是投资成本较高。

23. 育雏供暖方式有哪些？

①保姆伞供温　保姆伞由伞部和热源组成。伞部用镀锌铁皮或纤维板制成伞状罩，内夹有隔热材料，以利保温。一般直径为 2 米的保姆伞可养 300 ~500 只雏鸡。

②红外线灯供温　利用红外线灯散发出的热量来供温，一般是在温暖的季节，需要补充的热量不很大时使用。当鸡数一定时，室温越低，需要的红外线灯泡越多。

③煤炉供温　煤炉由炉子和铁皮烟筒组成，使用时先将煤炉加煤升温放进育雏室内，炉上加铁皮烟筒，烟筒伸出室外，烟筒的接头必须无缝以防烟煤漏出，导致雏鸡发生煤气中毒死亡。煤炉供温适用于较小规模的育雏使用。

④烟道供温　烟道供温有地上水平烟道和地下烟道两种。地上水平烟道是在育雏室墙外建一个炉灶，根据育雏室面积的

大小在室内用砖砌成一个或两个烟道，一端与炉灶相同，烟道排列根据房屋形状而定，烟道另一端穿出对侧墙后应建立一个较高的烟囱，烟囱应高于鸡舍1米，通过烟道对地面和空间进行加温。烟道要严密，防止漏气，以防雏鸡煤气中毒。

⑤燃气锅炉　与电热锅炉、太阳能+电热锅炉等比较，燃气锅炉具有操作简单、供暖效果良好、升温速度快、使用成本较低等特点。锅炉运行过程中，可人工设置适宜的出水温度，便于根据外界温度变化提供适当的热量，保持舍内温度的持续、稳定，实现舍内昼夜温度波动范围小于1℃。

24. 育雏对环境有何要求?

①雏鸡对温度的要求　雏鸡在10日龄前体温调节功能还不健全，且胃肠容积小，采食量小，产热少，易散热，抗寒能力特别差，因此雏鸡阶段做好保温尤其重要。育雏温度参考：进雏后1~3天为34~35℃，4~7天为32~33℃，以后每周下降2~3℃，直至室温达18~20℃。育雏室的温度计一般挂在离地面5厘米处。

②雏鸡对湿度的要求　雏鸡在10日龄前适宜的湿度为60%，逐步降低至55%~60%，育雏阶段，由于垫料干燥等，鸡舍内经常会呈现高温低湿，容易造成雏鸡体内失水过多，绒毛、脚趾干燥等，且易造成鸡的呼吸道和消化道疾病。可在室内加温管道上放置水盆或者水壶等，将鸡舍内湿度调至适宜状态。雏鸡10日龄以后，由于雏鸡采食量、饮水量加大，特别是春秋季节，很容易造成湿度过大，这种环境下易造成鸡只球虫病、曲霉菌病、呼吸道综合征发生，因此这段时期要控制好鸡舍内的温度和湿度。同时要勤换垫料，尤其是因饮水或者粪便

打湿的垫料。

25．如何选择雏鸡的饲料？

雏鸡生长发育快，代谢旺盛。因此育雏期间，要求给雏鸡提供全面的营养物质，尤其应保障饲料中的蛋白质、维生素和矿物质的含量。一般来说，肉用型鸡日粮的粗蛋白在0～3周龄应为21.5%左右，4～6周为20%左右；蛋用型鸡日粮中粗蛋白在0～4周龄应在20%左右，4～6周龄应在18%左右。雏鸡对霉菌毒素相当敏感，因此雏鸡阶段一定要保证饲料品质。养殖户可选择优质厂家的优质雏鸡饲料进行饲喂。

26．雏鸡如何进行饮水？

雏鸡进入育雏室后应先饮水后开食。

①在进雏前，应提前几小时将饮水器装满水，便于水温接近舍温，以免饮凉水造成体温骤降而发病。更不能断水，防止鸡发育受阻或脱水而死，同时对饮水质量加以控制。

②饮水器要充足，且高度在鸡背2厘米左右，尽量将其放在靠近光源位置。

③初饮时可在水中添加复合维生素，便于经过长途运输后的雏鸡恢复体力，减少应激；也可饮服高锰酸钾溶液，即让雏鸡饮用0.01%高锰酸钾水溶液，可促使胎粪排出，缓解脱水和有利胃肠道消毒；还可饮用口服补液盐，此法可缓解雏鸡脱水和维持电解质平衡，解除酸中毒，供给营养和防止疾病发生。

27．雏鸡饲喂技术有哪些？

雏鸡在出壳后24小时内开食，死亡率低，开食过早会使雏鸡尚未发育完全的消化器官受到损伤，开食过晚会使雏鸡的体力消耗过多。当雏鸡运到饲养地点后，先让其休息1~2小时，待其在舒适温暖的环境中有觅食欲望时进行开饮。雏鸡开食宜在开饮2~3小时后进行，60%~70%的雏鸡有随意走动和用喙啄食地面的求食行为。雏鸡的开食料以优质的配合饲料为佳。开食要选在白天进行，即使是在夜间进行，也要有足够的光线，以便使每只雏鸡都能很容易地找到饲料。训练雏鸡开食时，饲养人员可以轻轻地敲打塑料布、蛋托（以黑色或深色为佳）或旧报纸，边撒边唤，诱鸡采食。目前饲料厂推出有破碎料，可以直接用于开食，整个育雏期间采用自由采食，少喂勤添。

28. 如何给雏鸡断喙?

断喙可以防止鸡只出现啄羽、啄肛等现象，还可以减少鸡只采食时勾抛饲料，减少饲料浪费。2周龄以内的雏鸡喙部角质层较柔软，是断喙的最佳时期。商品代肉鸡因饲养周期短，一般6~7周，为了减少劳动量和应激，可不进行断喙。蛋用型鸡最佳断喙时间是6~10日龄；优质肉鸡由于生长速度相对较慢，最佳断喙时间是10~15日龄；对第一次断喙效果不理想的鸡群，可以在7~8周或10~12周龄时再次进行补充修剪；断喙常用的是自动断喙器，断喙器上有一个小孔，断喙时将喙切除部分插入孔内，由一块热刀片从上往下切，3秒钟左右切除和止血完毕。切除上喙是从喙断至鼻孔的1/2处，下喙是喙尖至鼻孔的1/3处，形成上短下长，断喙前后两天在饲料或者饮水中添加维生素K，防止因断喙出血。

29. 育雏期的日常管理工作有哪些?

在育雏阶段，其日常管理工作主要有以下几点。

①消毒　进育雏室前换鞋消毒，注意检查消毒池内的消毒药是否有效，及时更换或者添加。

②温度　观察鸡群活动情况，是否存在打堆或张口呼吸，如果有，则可能是温度过低或过高，同时查看舍内温度计，检查温度是否合适。

③疾病　观察鸡群健康状况，有无拉稀、绿便或者血便现象。正常的粪便为圆柱形、条状，颜色为棕绿色，粪便表面有白色尿酸盐；如果雏鸡出现拉稀，粪便为绿色、白色、血便等，结合雏鸡剖解症状查看是否有新城疫、鸡白痢、球虫病等疾病发生；查看鸡群有无啄癖现象，如有及时隔离，并检查原因，及时改善。

④清洗　每天清洗水槽，保证饮水清洁，同时白天查看水槽是否有水，饮水器不能断水。

⑤料槽检查　料槽高度要适宜，每天检查是否存在饲料浪费现象，是否有打堆吃料现象，料槽是否充足。

⑥鸡舍检查　每天检查垫料有无潮湿结块现象，如有，要及时更换垫料；检查鸡群密度，有无跑鸡等情况，如有，需及时处理。

⑦随机抽样检查雏鸡体重，掌握雏鸡生长发育状况及其均匀度情况。

总之，在育雏阶段，饲养员每天要到鸡舍巡查，且在鸡舍内待上 15 ~20 分钟，不存在氨气熏眼睛等情况，说明鸡舍卫生情况良好。

30．如何减少雏鸡的意外伤亡?

加强饲养管理，防止鼠害等；如是煤炉加热保温，则要注意检查管道的密封性，防止一氧化碳中毒。

31．笼养雏鸡的管理要点有哪些?

笼养雏鸡时必须全进全出，饲养管理中要注意鸡舍保温、舍内密度适宜、通风和卫生等，主要注意以下几个方面。

①笼温　指笼内温度，一般在热源区离低网 5 厘米处挂一个温度计测量笼温，育雏初期笼温一般在 30～32℃，随着鸡只日龄的增加，每周下降 2～3℃，直到雏鸡脱温为止。日常管理要结合鸡群状态进行笼温调整，如果温度适宜，鸡只活动自如；如果温度过低，雏鸡会拥挤打堆；如果温度过高，雏鸡会出现张嘴喘气等。

②饮水与喂料　雏鸡进入育雏笼后应立即给予饮水，可在饮水中加入葡萄糖或复合维生素，整个育雏期间不能断水；饮水 3 个小时后雏鸡可以开食，可在底网上铺厚纸或者塑料布，撒些雏鸡破碎料，让雏鸡啄食，1～2 天后改用饲槽，让雏鸡自由采食。

③分群　随着雏鸡的生长发育，笼内雏鸡密度会增加，如果密度过大，不仅会影响雏鸡生长发育，还会引起鸡只啄羽等现象发生。因此要进行雏鸡分群，实际生产中，根据蛋鸡的品种、性别和日龄，为满足不同体型雏鸡生长发育需求进行适当调整，每笼最低饲养量为 8 只，饲养日龄为 90 日龄。

④搞好笼内清洁卫生　一定要保持笼养设备的清洁卫生，料槽、水槽要定期清洗、消毒处理，盛接的粪便要定期及时

清理。

32. 平养雏鸡的管理要点有哪些？

①温度　保温是育雏的关键，育雏期适宜温度为，第1周32~35℃，以后每周下调2~3℃，4周以后开始脱温，此后舍内温度以保持在25℃左右为宜。保温具体还要根据鸡苗的行为来判断温度是否适当；温度适宜，雏鸡则比较均匀地散开；如果雏鸡出现张口呼气、脚胫干燥则表示温度过高；如果雏鸡打堆等，则表示温度过低，应增加舍温，或者有贼风进入，应认真检查门窗及天花板是否漏风等。

②湿度　雏鸡适宜的湿度10日龄前为60%~70%，10日龄后为50%~60%。鸡体对温度的感觉与湿度有关，夏季越湿越热，冬季越湿越冷。

③通风　通风是为了鸡舍有良好的环境，可以减少舍内的有害气体及尘埃；一般以人走进鸡舍，眼睛、鼻子不会受到刺激为适度；育雏阶段要处理好保温与通风的关系，哪怕是最冷的天气，也要保证一定的通风。具体做法是，先提高舍内温度，再开窗或排气扇通风片刻，等舍内温度降到要求的温度以下时即关闭窗户或排气扇，如此反复通风数次，即可达到目的。

④饮水和开食　雏鸡放入育雏舍后，先饮水，可在饮水中添加万分之一的高锰酸钾水，有助胎粪排出和清理胃肠，以后可供给葡萄糖水或者复合维生素，以减少应激反应，提高雏鸡抵抗力。饮水后开食喂料，通常要求雏鸡出壳后24~36小时进行开食，最迟不超过48小时。

⑤分群　随着雏鸡的生长发育，笼内雏鸡密度会增加，如果密度过大，不仅会影响雏鸡生长发育，还会引起鸡只啄羽等

现象发生，地面平养 1 ~30 日龄为每平方米 30 只左右。

⑥光照　雏鸡第 1 ~2 天实行通宵照明，其他时间都是晚上停止照明 1 小时，即保持 23 小时光照时间，这样即使停电，鸡也不会受惊打堆；光照强度的原则是由强变弱，1 ~2 周龄时，每平方米应有 2 ~3 瓦的灯光照亮，灯距离鸡群 2 米左右，从第 3 周龄开始改用每平方米 0. 7 ~1. 5 瓦的灯光照亮。

⑦垫料　垫料要求干燥松软、吸水性强、不发霉、长短粗细适当。常用的垫料有稻草、锯末、粗糠、切短的玉米秸、破碎的玉米棒等，饮水器周围的潮湿垫料每天应及时更换。

六、育成鸡的饲养管理

33. 如何做好向育成期的过渡?

①脱温　脱温时间在第 4 ~6 周，根据季节可以适当调整脱温时间，一般脱温大概 1 周左右，夜间要注意观察鸡群行为，防止挤堆压死。

②更换日粮　可以逐步更换日粮，一般 2 ~3 天更换成育成料，比如每天更换 1/3 的饲料。

③转群　为减少应激反应，转群一般安排在夜间，同时在饮水中添加复合维生素。

34. 如何控制体重和限制饲喂?

①定期称量体重，实时调整喂料量　育成阶段，限饲开始时，要随机抽样 30 ~50 只鸡称重并编号，每周或者 2 周称重一次，将其平均体重与当前饲养品种的阶段标准体重相比较，误差范围 5% ~10%，周龄体重低于或者高于标准体重的 1% 就应

相应增加或者减少饲料的喂量。

②限制饲养　限制饲养方法主要有限质法、限量法和限时法。

限质法。指限制饲料营养水平，一般采用低能饲粮、低能低蛋白饲粮等，从而使鸡生长速度降低，性成熟推迟，适用于放养鸡。

限量法。就是规定鸡群每日、每周或者某阶段的饲料用量，这种方法操作简单，应用较普遍。

限时法。就是通过控制鸡的采食时间来控制采食量，从而控制体重和性成熟。具体为每日限喂，每天给一定饲料，规定饲喂次数和采食时间，这种方法对鸡的应激小；隔日饲喂就是喂一天料，停喂一天，这种方法应激比较大；每周限喂就是每周停喂1～2天，这种方法既节约饲料又减少应激，蛋用型鸡常用。

③限饲期间一定要备足水槽和料槽，防止鸡只饥饱不均，发育整齐度差。实践证明，整齐度每增减3%，每只鸡的年平均产蛋量也相应增减3个百分点左右。

35. 怎样控制育成鸡的性成熟?

控制育成鸡性成熟的方法主要是控制光照，适当控制光照，可防止过早性成熟。鸡在10～12周龄时性器官开始发育，此时光照时间的长短影响性成熟的早晚，增加光照时间，性成熟提前；反之性成熟延迟。育成鸡光照的原则，每昼夜光照时间保持恒定或略微减少，切勿延长，光照强度以5～10勒克斯为宜。

36. 如何提高雏鸡均匀度?

雏鸡的均匀度是判断鸡在育成期成长好坏的一个主要标准，

与鸡的生产性能也有着直接联系，还可以用于预测鸡群产蛋率、蛋重等。提高鸡均匀度的主要措施有以下几点。

①饲养环境　鸡舍内要保持较为均衡的温度，昼夜温差要保持在3℃之内。舍内的相对湿度要保持在65%左右，防止雏鸡脱水。还要注意做好通风工作，保证舍内的空气质量。

②饮水开食　对于雏鸡来说，要及时饮水、开食。加料时要以少量多喂为原则，以促进鸡胃肠道及免疫系统的发育，会有利于雏鸡的生长发育，也能够有效地提高其体重均匀度。

③雏鸡挑选　鸡体重的均匀度与雏鸡有着直接联系。在饲喂雏鸡的时候，根据雏鸡的饮水进食情况，将那些没有吃到饲料的雏鸡要拎出来单独喂养。在饮水、开食2小时左右后，要检查一遍雏鸡的嗉囊，检查水食情况。如果雏鸡在饮水、开食4小时后，还存在没有完全饮水进食的雏鸡，那么便要检查是不是光照、饮水器高度等原因造成的。同时，及时做好接种疫苗工作。

④饲料均一性　鸡群体重的均匀度会受到饲料中营养物质比例的影响，而且营养比例在饲料中如何分布也会对其造成影响。要注意保持好饲料的均一性，饲料要完全混合且营养平衡。如果饲料中营养失衡且适口性差的话，肉鸡的采食量将会增加或减少，从而造成体重不均匀，易出现营养缺乏症，影响鸡群的均匀度。

37．转群应注意哪些事项？

①根据品种，确定转群时间　一般蛋鸡17～18周龄转群，晚的可在20周龄转群，过早过晚转群均不利于产蛋。

②转群前准备　应搞好鸡舍的环境卫生、消毒等，同时安

装好供料、供水、通风设备、照明等，并且保证设备正常运转。

③淘汰病残弱鸡　转群时要检查鸡只状态，病残弱的鸡要及时淘汰处理。

④转群后最初2～3天连续照明23小时，使转群的鸡能找到饲料和饮水器，饮水中添加复合维生素，缓解转群引起的应激反应。

38. 如何做好开产前的准备工作?

①增加光照　鸡开产后的光照原则是只能延长不能缩短，如果鸡群平均体重达标，则应从20周龄起每周逐渐增加光照时间，直至增加到15～16小时后稳定不变，如果体重不达标，可延迟1周增加光照。

②换料补钙　补钙时间可以从18周龄开始，可将育成鸡料的含钙量由1%提高到2%，产蛋率达5%时可将育成鸡料改换为产蛋鸡料。

③保持鸡舍安静　鸡初产蛋时，会表现出精神亢奋、行动异常和神经质，开产前尽量营造一个安静的环境。

七、蛋鸡的饲养管理

39. 如何通过蛋鸡外貌鉴定产蛋性能?

通过“看”“摸”，对比高产鸡与低产鸡的表征，然后选优去劣。重点是与鸡的第二性征或产蛋有关的部位，如冠与肉髯、耻骨间开张的大小、肛门的情况等。高产蛋鸡普遍具有以下特征：身体均匀，发育正常，活跃，性格和顺，食性强，冠和肉垂蓬勃，颜色鲜红，额骨宽，头顶近似于正方形，喙短、宽并且弯曲，眼睛大、圆并且有神，胸宽向前凸出，体躯长、宽且深，肛门外侧丰满，内侧湿润，大而成卵形。换羽迟，常在秋末和冬初，换羽敏捷。

40. 养好蛋鸡应注意哪几个方面的因素?

养好蛋鸡的标准有两个方面，一是经济效益如何，二是确保产品的安全可靠。这就需要两个方面的保证，一是蛋鸡的高效安全的综合养殖技术；二是要有好的市场行情。养殖户（场）很难把握和预测市场行情，因此，必须提高蛋鸡的综合养殖技术。综合养殖技术包括良种、营养与饲料、环境与设备、卫生与防疫、管理五个方面。只有这五个方面有机地结合在一起，才能使蛋鸡充分发挥遗传潜力，获得最大的经济效益。

41. 蛋鸡如何强制换羽?

为保证强制换羽的效果，在开始前须做好整群、消毒、疾病预防和设备检修等工作。强制换羽的方法主要有以下四种。

（1）化学法

使用最多的是喂高锌日粮。高锌日粮可在较短时间内诱发较多的主翼羽脱落，从而达到强制换羽的目的。例如，在日粮中喂含锌2%的饲料，3天后鸡的产蛋率降到原来产蛋率的50%以下，6~7天就全部停产，去掉锌以后2周，母鸡的产蛋率就能超过喂锌前的水平。

（2）饥饿法

是传统的强制换羽方法，也是最实用、效果最好的方法。生产中可根据实际情况，选择下列任一种方案。

①方案一　断料10天；开始时，开放式鸡舍停止补充光

照，密闭式鸡舍光照时间减为 8 小时/天；自由饮水；换羽期间适当喂些贝壳粉；断料结束后，从第 11 天起恢复喂料，最初几天可以适当限喂，喂料量逐日增加，以后自由采食，光照采取逐周增加的办法，一直增加到强制换羽前的光照时间。

②方案二　断料 12 ~ 15 天，具体时间主要取决于鸡种和季节；不断水或开始断水 1 ~ 3 天，然后自由饮水；密闭式鸡舍光照时间改为 8 小时/天，开放式鸡舍停止补充光照；根据体重变化，当体重减少 25% ~ 30% 时，恢复喂料，第一天喂 30 克/只，以后每天增加 10 ~ 15 克/只，一直增至 90 克/只时恢复自由采食；恢复喂料，把光照逐渐恢复到原来的光照时间。

③方案三　断料 2 周，第 15 天起每只给料 20 克，然后每天增加 15 ~ 20 克/只，7 ~ 10 天后自由采食；不断水，或断料 10 小时后断水，但不得超过 3 天，然后自由饮水；密闭式鸡舍光照时间减至 8 小时/天，开放式鸡舍停止人工补充光照，第 25 天起光照 15 小时/天，当产蛋率达 50% 时增至 16 小时/天，2 周后增至 17 小时/天固定下来。

（3）激素法

给母鸡肌内注射激素，促进其停产换羽。由于注射激素容易破坏鸡体内激素的平衡而使其代谢紊乱，导致鸡群恢复后产蛋性能较差，因此激素法在生产中很少使用。

（4）饥饿化学合并法

即将饥饿法和喂锌的化学法两者结合进行的一种方法。这种方法具有安全、简便易行、换羽速度快、休产期短等优点。但仍有化学法的缺点，母鸡换羽不彻底，恢复后鸡群产蛋性能较差。

42. 如何防止应激对鸡群的危害?

在养鸡过程中，不仅要预防鸡群的疫病，还应重视应激对鸡群所产生的影响。任何一种应激因素都能对鸡群产生不同程度的危害，有时多种应激因素同时存在，甚至引发鸡只死亡。以下方法可降低鸡群应激的影响。

①饲养管理　在饲养管理过程中可以采取以下措施减少应激因素的危害。保证充足清洁的饮水，进行水质消毒工作；高温时，采用湿帘或喷水措施降低舍内温度；加强舍内通风；保持舍内光照时间及强度的稳定；减少断喙、转群中的惊扰；加强鸡舍卫生清洁及消毒工作，避免粪便过多引起氨气过浓；在疫苗接种及投药时避免惊吓；降低饲养密度；强化饲料营养，增强鸡只抗病力，避免饲料的频繁更换。

②药物调整　除饲养管理方面外，还可采用延胡索酸（100毫克/千克体重）、维生素C（200~300毫克/千克饲料）等能提高机体的防御能力，促进机体对应激因素的适应。

43. 什么是饲料转化率，蛋鸡的饲料转化率有何意义?

饲料转化率也称为饲料利用率，是指饲料转化为产蛋总重或活重的效率。在蛋鸡生产中称为料蛋比，为某一年龄段饲料消耗量与产蛋总重之比；在肉鸡生产中称为耗料增重比，简称料重比，为在某一年龄段内饲料消耗量与增重之比。由于饲料成本占养禽生产总成本的60%~70%，因此饲料转化率与养鸡生产的经济效益密切相关。在蛋鸡中，饲料转化率（料蛋比）本身的遗传力中等，平均在0.3左右，范围为0.16~0.52，因此直接选择即可获得一定的选择反应。由于料蛋比本身是由产蛋总重与耗料量两个性状决定的，而产蛋总重始终是蛋鸡育种的首要选育性状，因此在长期育种实践中，料蛋比一直是作为产蛋总重的相关性状而获得间接选择反应，使料蛋比得到一定的遗传改进。

44. 哪些措施可防止产蛋后期蛋鸡过肥?

产蛋后期喂料应严格按饲养标准饲喂，同时将日粮蛋白质水平逐渐降低0.5~1.5个百分点，并增加氨基酸、复合维生素及钙的用量。同时注意补充氯化胆碱、乳酶生、腐殖酸钠和益生素等，尽量减少脂肪的沉积。产蛋后期每两周抽样称重一次，以了解鸡群体况变化，进行适当限饲。

45. 蛋鸡饲养多长时间适宜?

饲养时间受蛋鸡的生产性能、饲料与产品价格的制约，即产蛋性能高或料价低而蛋价高时，蛋鸡可多养一段时间，相反，则缩短饲养期。实践证明，母鸡性成熟后第一年性机能强，卵巢、输卵管等生殖器官活动旺盛，产蛋最多，以后逐年下降。其规律是，若第一年产蛋量为100%，则以后逐年递减15%~25%。因此，对商品蛋鸡，多采用全进全出制，只养一年，即饲养到500~505日龄就要出售，用周龄表示为72周龄。根据当时情况，也有饲养到76~78周龄的。

八、肉鸡的饲养管理

46. 什么是肉鸡健康养殖?

肉鸡健康养殖是根据肉鸡的生活习性、生理特点的要求，为肉鸡提供适宜的生活、生长环境条件和营养需求，包括丰富的营养物质、优质的饲料、清洁的饮水、舒适的环境、新鲜的空气、充足的生活空间、安全的环境卫生、适当的疾病防治措施，从而保证肉鸡在生长，生产过程中维持健康的状态，并为人类提供安全、优质、无公害的产品。要求向专业化、合作化、规模化方向发展。

47. 为什么同一鸡舍同一批饲养的鸡，出栏时体重差别很大?

饲养密度过大、公母同群饲养、饲养管理差、疾病防控措施不到位等均可引起出栏时体重差别大。

48. 选择肉鸡品种时应考虑哪些因素?

选用优良的肉鸡品种是现代肉鸡高效生产的首要因素，在养鸡过程中，品种、饲料、环境的影响分别占比为品种 20%，饲料 40% ~50%，环境因素 20% ~30%。因此，在肉鸡的生产中要求做到品种优良化，饲料营养全面化及生长环境舒适化。要保证肉鸡生产的高产、优质、高效，同时还需要饲养管理科学化和防疫措施制度化。

要结合当地居民的消费习惯，选择适宜品种和出栏体重。比如四川地区普通家庭喜欢体重 1.5 ~2 千克的青脚麻羽，半放养更好；乡村办酒席等喜欢体重略大些的，体重 3 ~4 千克的；另外结合品种优势，选择饲料报酬高、疾病抵抗力强的肉鸡品种进行科学饲养。

49. 优质肉鸡一般饲养到几周才可出栏?

根据优质肉鸡的品种、生长速度、市场需求适时出栏，一般地方品种在6月龄，培育品种3月龄，体重达到1.5千克以上就可以出栏。一般来说半放养的优质肉鸡4月龄后出栏，风味尤佳。

50. 优质肉鸡的饲养方式有几种？各有什么要求？

①地面平养　主要为规模养殖农户，地面铺设4～10厘米垫料，随着鸡只日龄的增加，不断增添垫料直至厚度达15～20厘米，同时将粪便、饮水打湿的垫料及时清除掉，防止鸡舍内产生氨气等。常用的垫料有木屑、稻草、谷壳等，垫料应吸水性强、干燥、清洁，每一批鸡只出栏后，将垫料全部清除。

②网上平养　在离地面约60厘米处搭网架，再铺上金属、塑料或者竹木等制成的网，网眼大小以能掉下鸡粪为宜，网床大小根据鸡舍面积灵活掌握。

③笼养　采用层叠式，可用毛竹、木材、金属和塑料加工制成，笼养鸡占地面积小，房舍利用率高，环境温度比较容易控制，节省能源；笼养时鸡只发育比较整齐，增重良好，可提高饲料效率5%～10%，降低成本；鸡与粪便不直接接触，可有效减少鸡白痢和球虫病的发生；过去肉鸡笼养存在的主要缺点是胸囊肿和腿病的发生率高，近年来改用弹性塑料网代替金属底网，大大减少了胸囊肿和腿病的发生。

④放牧饲养　在6周龄左右可采用放牧饲养，即让鸡群在自然环境中活动、觅食，人工补饲，夜间鸡群回鸡舍栖息。该方式一般是将鸡舍建在远离村庄的山丘或果园之中，鸡群能够自由活动、觅食，得到阳光照射和沙浴等，可采食山坡中的虫、草和沙砾，以及泥土中的微量元素等，有利于优质肉鸡的生长发育，鸡群活泼健康，抗病力强，肉质特别好，外观紧凑，羽毛有光泽，且不易发生啄癖。

51. 如何防止肉鸡啄癖的发生？

①断喙　在雏鸡阶段进行断喙，上喙断喙尖至鼻孔之间1/2，下喙断1/3，断喙前在饮水中添加维生素K，可以预防断喙出血，断喙后料槽中适当多添加些饲料，防止鸡采食损伤喙部。

②如果出现啄羽、啄肛现象，立即将啄羽、啄肛鸡只隔离，同时饮水中添加淡盐水或者增加青绿饲料。如果饲料中蛋白水平不足，也会引起啄癖，因此饲料营养水平要均衡。

52. 肉鸡断喙应注意什么？

①断喙前三天不能喂磺胺类药物，否则断喙时容易出血过多。

②断喙应选择在天气凉爽的早晚进行。

③应避免过度应激，如果鸡群处于应激状态，适当调整断喙时间。

④为防止断喙时出血，可在断喙前后两天在饲料或饮水中添加维生素K。

53. 如何降低肉鸡饲养后期的死亡率？

①搞好饲养管理，避免鸡舍内产生氨气等有毒有害气体，如果是厚垫料养殖，及时清除被粪便或者水打湿的垫料。

②搞好免疫接种，防止疾病发生，肉鸡45日龄至出栏，主要控制大肠杆菌病、非典型新城疫及其混合感染。此时预防用药，并注意停药期。

③可在饮水中添加葡萄糖或者复合维生素，既可以提高鸡只疾病抵抗力，同时又可以增加鸡只的羽毛光泽度，让鸡只更健康，具有卖相。

④适当增喂益生素，调整消化道环境，恢复菌群平衡，增强机体免疫力。

九、禽病的发生特点及防控对策

54. 如何选择消毒剂?

①碱类消毒剂　常用有苛性钠、苛性钾、石灰、草木灰、苏打等。苛性钠是很有效的消毒剂，常用于鸡舍及用具的消毒，但对金属物品有腐蚀性。

②过氧化物类消毒剂　主要有过氧乙酸，有强大氧化能力，易溶于水，对细菌、霉菌和芽孢有杀灭作用，较低的浓度就能有效地抑制细菌、霉菌的繁殖。

③含氯类消毒剂　主要有漂白粉、抗毒威、除菌净、氯胺、强力消毒灵等。对消毒作用不大，需现用现配。

④醛类消毒剂　戊二醛消毒剂是目前较常用的一种广谱、高效的消毒剂，杀菌能力强，杀菌速度快，刺激性、腐蚀性和毒性都比较小。

⑤表面活性剂类消毒剂　常用有新洁尔灭、消毒宁、洗必泰等。

55. 如何选择药物?

①正确诊断。任何药物合理应用的先决条件是正确诊断，没有对鸡发病过程的认识，药物治疗便是无的放矢，不但没有好处，反而可能延误病情。用药要有明确的指征，要针对患病鸡的具体病情，选用药效可靠、安全、方便、价廉易得的药物制剂。反对滥用药物，尤其不能滥用抗生素。

②了解所用药物在靶动物的药动学知识。根据药物的作用和在动物体内的药动学特点，制订科学的给药方案。

③预期药物的疗效和不良反应。根据疾病的病理、生理过程和药物的药理作用特点，以及它们之间的关系，药物的效应是可以预期的。几乎所有的药物不仅有治疗作用，也存在不良反应，临床用药必须记住疾病的复杂性和治疗的复杂性，对治疗过程作好详细的用药计划，清楚药物的药效和毒副作用，及时调整用药方案。

④避免使用多种药物或估计剂量的联合用药。在确定诊断以后，一般情况下不应同时使用多种药物，尤其抗菌药物，因为多种药物治疗，极大地增加了药物相互作用的概率，也给患病动物增加了危险。除了具有确定的协同作用的联合用药外，需谨慎使用固定剂量的联合用药，如某些复方制剂，因它会使兽医师失去根据动物病情需要调整药物剂量的机会。

⑤正确处理对因治疗和对症治疗的关系。一般用药首先考虑对因治疗，但也要重视对症治疗，两者巧妙的结合能取得更好的疗效。

56. 鸡场应准备哪些常用消毒药?

鸡场准备的消毒药见表7。

表7 鸡场常备消毒药

消毒程序	消毒方式	消毒液种类
生活区及生产区入口消毒	洗手消毒	过硫酸氢钾复合物
	喷雾消毒	过氧乙酸，戊二醛，碘制剂
	车辆消毒（轮胎消毒）	烧碱，煤焦油，复合酚（酚+醋酸+十二烷基苯磺酸复合物）
	车辆消毒（喷雾消毒）	过氧乙酸，戊二醛，碘制剂

续表

消毒程序	消毒方式	消毒液种类
鸡舍消毒	鸡舍入口、鞋底消毒	烧碱，煤焦油，复合酚（酚+醋酸+十二烷基苯磺酸复合物）
	带体（动物）消毒	过硫酸氢钾复合物、过氧乙酸，戊二醛，碘制剂
	空舍消毒	烧碱、熏蒸（次氯酸钙或高锰酸钾+福尔马林熏蒸）
周围环境消毒		烧碱，戊二醛，过氧乙酸，生石灰

57. 什么是传染病？传染病发生的条件是什么？

传染病是由病原微生物及寄生虫引起，具有一定的潜伏期和临诊表现，并具有传染性的疾病。

传染病发生的条件是能在畜禽之间直接接触传染，也可间接地通过生物或非生物的传播媒介互相传染，构成流行。传染病在畜禽中蔓延流行，必须具备三个相互连接的条件，即传染源、传播途径及易感的动物，也称为传染病流行过程的三个基本环节。当这三个条件同时存在并相互联系时就会造成传染病的发生。

58. 规模化及个体养鸡场疫病如何防控？

鸡场疫病防控是一个鸡场取得良好经济效益保证的关键，是企业的生命线，容不得丝毫的马虎和懈怠，应从以下方面做好鸡场疫病防控。

①科学合理地选择场址与布局，营造有利的疫病防控环境。

②严格执行封闭饲养的管理制度，严控外疫侵入。

③实施科学的免疫，建立有效的免疫保护屏障。

④严格实行卫生消毒制度，切实消杀场内病原污染。

59．发生传染病时如何采取紧急措施？

①现场调查，掌握疫情　当鸡群发生传染病或疑似传染病时，应立即向当地畜牧兽医站报告疫情，如发病头数、死亡情况、主要症状、剖检变化和治疗情况等。以便及时到现场进行调查，共同会诊，确定病因，及时采取紧急防治措施，迅速扑灭。必要时，应把疫情通知邻近地区的养鸡单位，以使他们采取必要的预防性措施。

②隔离病鸡，及时治疗　发病鸡场所有的鸡必须进行全面、仔细的检查，病鸡及可疑病鸡应立即分别隔离观察和治疗，是控制传染来源的重要措施。要尽可能缩小病鸡的活动范围，这样便于消毒，有利于防止病原微生物的扩散。对同群尚未发病的鸡及其他受威胁的鸡群，要加强观察，注意疫情动态。可以根据疾病的种类，采用相应的血清或疫（菌）苗进行紧急预防注射。

③封锁疫区，严格消毒　经确定为传染病后，应根据疫病种类和实际情况，划定疫区，进行封锁，防止疫病的继续扩散蔓延，以便就地将疫病迅速消灭，一般应将疫区控制在最小范围内。疫区在封锁期间应禁止鸡群及种蛋调运，并禁止从疫区调出饲料和禽产品。疫区的出入道口上要设立标记牌，禁止车马、行人进入，必要时可设立消毒池，派专人值勤并负责消毒工作，对鸡舍、粪便、饲养管理用具及运输工具等都应进行消毒。

④妥善处理病鸡尸体　因患传染病而死亡的病鸡尸体，含有大量病原体，是散播疫病最主要的祸根。对病鸡尸体的处理是否妥善，是关系到鸡传染病能否迅即扑灭的一个重要环节。因此，患传染病死亡的鸡尸体不能随便乱抛，更不能宰食和拿

到集市上出售，以免散播疫病或发生肉食中毒。通常的处理方法是烧毁、深埋或化制后作工业原料等。

⑤紧急预防注射　发生鸡传染病时，邻近地区的鸡应进行紧急预防注射，以保护鸡群免受传染。一般来说，采取紧急预防注射以弱毒疫苗为好。

60. 鸡常见的传染病有哪些?

①病毒性　主要有新城疫、传染性法氏囊病、马立克氏病、传染性支气管炎、传染性喉气管炎、鸡痘、产蛋下降综合征、禽流感、禽脑脊髓炎、鸡传染性贫血、禽白血病、网状内皮组织增生症、禽脑脊髓炎。

②细菌性　主要有鸡白痢、大肠杆菌病、传染性鼻炎、禽霍乱等。

③寄生虫性　主要有球虫病、住白细胞原虫病、线虫病等。

61. 怎样诊断鸡病?

鸡病的诊断主要从以下三个方面分析。

(1) 临床诊断

①流行病学调查　有许多鸡病的临床症状非常相似，但各种病的发病时机、季节，传播速度，发展过程，易感日龄，鸡的品种、性别及对各种药物的反应等方面各有差异，这些差异对鉴别诊断有非常重要的意义。

②临床诊断　现场观察环境，包括管理措施、饲养方式、垫料、换气、温度、光线强弱情况、饮水情况、饲料、饲槽、栖架、饲养密度等。然后再仔细观察鸡群，动静结合，观察是否有异常表现的鸡只。对整群鸡进行观察后，再挑选出各种不

同类型的病鸡进行个体检查。这种检查，一般先检查体温，接着检查全身各个部位。

③病理解剖　通过解剖，找出病变的部位，观察其形状、色泽、性质等特征，结合生前诊断，确定疾病的性质和死亡的原因。凡是病死的鸡均应进行剖检。有时以诊断为目的，需要捕杀一些病鸡，进行剖检。

（2）实验室诊断

①病理组织学诊断　取病变组织，通过切片或涂片、染色处理，在光学显微镜下观察细胞组织病变。

②微生物学诊断　对病原因子进行分离、培养及鉴定或利用现代分子生物学方法查找致病病毒、病原菌、寄生虫等。

③免疫学诊断　免疫学诊断是传染病诊断和检疫中常用的重要方法，包括血清学试验和变态反应两类。

（3）鉴别诊断

根据病原特性、流行特点、临床症状、病理特征，综合分析，从多种疾病中逐一排除，最后作出正确诊断。

62．鸡采血法有哪几种？

①静脉采血　将鸡固定，伸展翅膀，在翅膀内侧选一粗大静脉，小心拔去羽毛，用碘酒和酒精棉球消毒，再用左手食指、拇指压迫静脉心脏端使该血管怒张，针头由翼根部向翅膀方向沿静脉平行刺入血管。采血完毕，用碘酒或酒精棉球压迫针刺处止血。一般可采血10～30毫升。少量采血可从翅静脉采取，将翅静脉刺破以试管盛之，或用注射器采血。

②心脏采血　将鸡侧位固定，右侧在下，头向左侧固定。找出从胸骨走向肩胛部的皮下大静脉，心脏约在该静脉分支下

侧；或由肱骨头、股骨头、胸骨前端三点所形成三角形中心稍偏前方的部位。用酒精棉球消毒后在选定部位垂直进针，如刺入心脏可感到心脏跳动，稍回抽针栓可见回血，否则应将针头稍拔出，再更换一个角度刺入，直至抽出血液。若需较大量血，还以采心血为好，固定家禽使其侧卧于桌上，左胸部朝上，从胸骨脊前端至背部下凹处连线的中点垂直刺入，约 3 厘米深即可采得心血。

63．鸡群为什么要进行抗原抗体检测？

鸡群免疫接种后，一般情况下，不进行免疫监测，但在疫病严重污染地区，为了确保鸡群获得可靠的免疫效果，时常在疫苗接种之后，测定其是否确实获得免疫。因为在某些因素的影响下，如疫苗的质量差、用法不当或鸡体应答能力低等，虽然做了疫苗接种，但鸡群没有获得很强的免疫力，若忽视了再次免疫接种，就不能抵抗一些传染病的侵袭。

64．鸡病的实验室检测方法有哪些？

鸡病的实验室诊断，其病因不同而诊断方法各异，主要方法有以下几种。

①细菌性检验　应用细菌的形态鉴定、细菌的生化特性鉴定、动物接种实验和细菌的药敏试验等方法进行检验。

②病毒学检验　应用病毒的形态观察和病毒的分离培养进行检验。

③血清学检验　可使用直接凝集试验、间接凝集试验、血凝与血凝抑制试验、沉淀试验、红细胞吸附和红细胞吸附抑制试验、补体结合试验、中和试验以及免疫标记技术进行检验。

65. 什么是抗体、抗原、免疫反应?

①抗原　是指进入动物机体后，能刺激机体产生特异性免疫球蛋白或致敏淋巴细胞，并能与其发生特异性反应的物质，也就是说具有抗原性的物质称抗原。多系异体的大分子蛋白质。

②抗体　是动物机体受到抗原刺激后，由 B 细胞转化为浆细胞所产生的，能与相应抗原发生特异性结合的免疫球蛋白，主要存在于血清等体液中。注意抗体都是免疫球蛋白，并非所有免疫球蛋白都具有抗体活性。目前发现的免疫球蛋白按其结构和功能可分为 IgG、IgM、IgA、IgE、IgD 五类。

③免疫反应即免疫应答　在机体内，中枢免疫器官形成 T 细胞和 B 细胞的前体细胞，前体细胞进入外周免疫器官后，发育成免疫活性细胞，接受抗原的刺激而分化增值，发挥体液免疫和细胞免疫作用。根据免疫机制，免疫应答可分为体液免疫和细胞免疫。由 B 细胞介导的免疫应答称为体液免疫，而体液免疫效应是由 B 细胞通过对抗原的识别、活化、增殖，最后分化成浆细胞并分泌抗体来实现的，因此抗体是介导体液免疫效应的免疫分子；细胞免疫指 T 细胞在抗原刺激下活化、增殖、分化，并产生淋巴因子而发挥的特异性免疫应答。

66. 什么是免疫接种? 为什么要对鸡群进行疫苗免疫?

免疫接种是激发动物机体产生特异性抵抗力，使易感动物转化为不易感动物的一种手段。有组织、有计划地进行免疫接种，是预防和控制鸡病的重要措施之一。在鸡病防治过程中，对于病毒性传染病，没有有效的药物治疗方法，而某些急性细菌性传染病，药物治疗的效果也不理想，只有通过疫苗接种的方法，才能达到预防鸡病的目的。

根据免疫接种进行的时机不同，可分为预防接种和紧急接种两类。

①预防接种　在经常发生某些传染病的地区，或有某些传染病潜在的地区，或受到邻近地区某些传染病经常威胁的地区，为了防患于未然，在平时有计划地给健康畜禽进行的免疫接种，称为预防接种。预防接种通常使用疫苗、菌苗、类毒素等生物制剂作抗原激发免疫。

②紧急接种　紧急接种是在发生传染病时，为了迅速控制和扑灭疫病的流行，而对疫区和受威胁区尚未发病的畜禽进行的应急性免疫接种。从理论上说，紧急接种以使用免疫血清较为安全有效。但因血清用量大，价格高，免疫期短，且在大批畜禽接种时往往供不应求，因此在实践中很少使用。多年来的实践证明，在疫区内使用某些疫（菌）苗进行紧急接种是切实可行的。例如在发生鸡新城疫急性传染病时，已广泛应用疫苗作紧急接种，取得较好的效果。

67. 免疫失败原因分析及对策?

可从以下几个方面分析并解决免疫接种失败的问题。

①母源抗体干扰　如果在雏鸡体内母源抗体未降低或消失时就接种疫苗，母源抗体就会与疫苗抗原发生中和作用，不能产生良好的免疫应答，导致免疫失效。

②疫苗失效　疫苗超过有效期，或保存、运输不当，均可导致免疫失败。

③疫苗间干扰　例如，接种鸡法氏囊病疫苗之后一段时间内，若接种其他疫苗，将影响另一种疫苗的免疫效果。

④接种方法不当　疫苗接种方法很多，有注射法、滴鼻法、点眼法、刺种法、饮水法及气雾法等，由于鸡的日龄不同、鸡

群的组合不同，所需的免疫方法、疫苗种类、稀释浓度、接种剂量均不相同，如果违反了操作规程，就达不到免疫目的。

⑤鸡群隐性感染。

68. 疫苗的种类有哪些？如何使用？

鸡用疫苗种类多，根据疫苗的性质和制备工艺，可以划分为不同的种类。根据制作疫苗的微生物种类不同，可以将其分为细菌疫苗、病毒疫苗、寄生虫疫苗；根据制造疫苗原材料的来源不同，可以将其分为组织苗、细胞苗、鸡胚苗、培养基苗等；按照疫苗制造工艺不同，可以将其分为常规疫苗和现代基因工程苗；按照疫苗是否具有感染活性，可以将其分为活疫苗和灭活疫苗；按疫苗抗原的数量和种类，分为单价疫苗、多价疫苗和多联疫苗。除此之外，还可以根据佐剂种类、疫苗的物理性状等划分。

使用疫苗时要注意免疫接种的方法。当前鸡用疫苗无论是活疫苗，还是灭活疫苗，最常用的疫苗接种方法是肌肉和皮下注射法、滴鼻、点眼、刺种、饮水免疫等。

69. 疫苗的保存、运输要注意些什么？

疫苗不同于普通的化学药品，从化学成分上多为蛋白质或活的微生物。因此，它们一般需要避光、避热，有些还需要冻结保存。保存和运输条件要求严格和细致，否则可直接影响其质量，所以要严格遵照生物制品厂的要求，进行保存和运输，一般需要注意以下几点。

①疫苗应保存在干燥阴暗处，避免阳光直射。

②温度对疫苗的影响特别重要，应放在冷库或冰箱中保存。灭活苗最适保存温度是2～8℃，不能过热，也不能低于0℃；

活疫苗需在低温冷冻保存，冷冻真空干燥制品要求在－15℃以下保存，温度越低保存时间越长。冻干疫苗的保存温度与冻干保护剂的性质密切相关，一些国家的冻干疫苗可以在2～8℃保存，因为用的是耐热保护剂。多数活湿苗，只能现制现用，在0～8℃条件下仅可短期保存。冻干疫苗应在－70℃以下的低温条件下保存。工作中必须坚持按照规定温度条件保存，不能任意放置，防止高温存放或温度忽高忽低，以免影响疫苗的质量。

③在运输过程中应注意防止高温、曝晒和冻融。如果是活苗需要低温保存的，可先将活疫苗装入盛有冰块的保温瓶或保温箱内运送。在运送过程中，要避免高温和阳光直接照射。北方寒冷地区要避免液体制品冻结，尤其要避免由于温度高低不定而引起的反复冻结和融化。切忌把药品放在衣袋内，以免由于体温较高而降低药品的效力。大批量运输的疫苗应放在冷藏箱内，有冷藏车者用冷藏车运输更好，要以最快速度运送疫苗。

70. 使用疫苗的注意事项?

（1）制定免疫程序

免疫接种前应结合当地的实际情况制订出适合本地、本场疫病防疫的免疫程序，接种时应做好记录，记录项目包括接种对象、时间、抗体水平、使用疫苗名称、剂量、途径、生产厂家、生产批号、失效期等，以便查询。

（2）检查疫苗

接种前要对疫苗质量进行检查，严格把关并做详细记录，若遇以下五种情形之一者，应弃之不用。

①没有标签，无头份和有效期或标签不清楚者。

②疫苗瓶破裂或瓶塞松动者。

③生物制品质量与说明书不符，如色泽、沉淀发生变化，

瓶内有异物或已发霉者。

④超过有效期者。

⑤未按产品说明和规定进行保存的疫苗。

（3）免疫前观察动物健康

在免疫前先观察动物群的健康状况，只有健康的动物才可以接种疫苗。鸡群健康状况不佳时应暂缓用苗。这时免疫不但不能产生良好的免疫效果，而且可能会因接种应激而诱发疫病，甚至发生疫病流行。

（4）疫苗稀释

应注意按说明所规定或相应稀释液进行稀释，稀释时应反复冲洗以防疫苗损失，并注意小心操作，避免疫苗菌液漏失。

（5）器械消毒

疫苗接种用注射器、针头、镊子、滴管、稀释用的瓶子要事先清洗，并用沸水煮15~30分钟。切不可用消毒药消毒。一个注射器和针头注射一定数量动物后，一定要换用新的，有疫情发生时，接种不同动物要更换针头。

（6）免疫废弃物处理

已稀释的疫苗剩余部分应煮沸倒掉，其他免疫废弃物如针头、塑料等，特别是活疫苗瓶应烧掉或深埋，切忌在栏舍内乱扔乱放，防止散毒，或动物误食。

（7）接种后定期检查

接种后定期对动物进行检查。

（8）副作用的观察与处理

疫苗免疫后要注意观察畜禽情况，如发现异常反应及时处理。

71. 鸡免疫接种途径有哪些?

合理的免疫接种途径直接影响免疫效果，实际生产中鸡常用的免疫接种途径有饮水、滴眼、滴鼻、肌肉或皮下注射、翼膜刺种、滴口等。

①颈背部皮下免疫 用食指和拇指将颈背侧皮肤捏起，由两指间进针，针头方向向后下方，于颈椎基本平行。生产中，鸡马立克氏病疫苗免疫接种常采用此法。

②饮水免疫 应按鸡只数量和饮水量准确计算需用的疫苗剂量和稀释疫苗的用水量；疫苗用量一般加倍；免疫前饮水器要清洗干净，无消毒剂残留；免疫前应停水，保证迅速饮完。生产中，鸡法氏囊、新城疫等疫苗免疫接种常采用此法。

③肌内注射 选择胸肌发达部位和外侧腿肌注射，胸肌注射时应斜向前入针，防止刺入胸、腹腔引起死亡。生产中，禽流感疫苗免疫接种常采用此法。

④滴鼻、滴眼 操作时一手握鸡，并用食指堵住下侧鼻孔，另一只手用滴管吸取疫苗滴入上侧鼻孔或眼睑内，待鸡将疫苗吸入后，方可放鸡。生产中，鸡传染性支气管炎、新城疫等疫苗免疫接种常采用此法。

⑤滴口 一手握鸡，固定头部，另一只手握住滴管，对准鸡的口腔滴入 1 滴经稀释的疫苗。生产中，鸡法氏囊疫苗免疫接种常采用此法。

⑥翼膜刺种法 展开鸡的翅膀内侧，暴露三角区皮肤，避开血管，用刺种针或蘸水笔尖蘸取疫苗刺入皮下。生产中，禽痘疫苗免疫接种常采用此法。

72. 怎样进行疫苗质量检查?

疫苗检查是动物接种前的一道必要程序，只有保证了疫苗的质量，才能确保疫苗发挥预防和控制传染病的作用，达到接种疫苗的目的。检查项目主要如下。

①检查疫苗外包装是否洁净完好，标签是否完整，包括疫苗名称、批准文号、生产批号、出厂日期、保存期、使用方法及生产厂家等内容。

②检查瓶盖是否松动，疫苗瓶体是否有裂损。

③油乳剂如遇破乳，或水分沁出按规定程度超出 1/10，则不能使用。

④对于冻干疫苗，在使用前检查是否失去真空，最简单方法是将装有稀释液的注射器针头通过未开启铝帽的胶塞插入疫苗瓶中，稀释液应自动或很容易注入疫苗瓶内。否则，意味着该瓶疫苗已失去真空或真空不够。失去真空或真空不够的疫苗一般不能使用。

⑤超过保存期的疫苗应废弃。

73. 鸡场废弃物如何处理?

养鸡场废弃物主要包括，鸡粪和鸡场污水；生产过程及产品加工废弃物，如死胎、蛋壳、羽毛及内脏等残屑；鸡的尸体，主要是因疾病而死亡的鸡只；废弃的垫料；鸡舍及鸡场散发出的有害气体、灰尘及微生物；饲料加工厂排出的粉尘等。

（1）鸡粪的处理

1）干燥法

①直接干燥法　常采用高温快速干燥，又称火力快速干燥，即用高温烘干迅速除去湿鸡粪中水分的处理方法。在干燥的同时，达到杀虫、灭菌、除臭的作用。

②发酵干燥法　利用微生物在有氧条件下生长和繁殖，对鸡粪中的有机和无机物质进行降解和转化，产生热能，进行发酵，使鸡粪容易被动植物吸收和利用。

③组合干燥法　即将发酵干燥法与高温快速干燥法相结合。

既能利用前者能耗低的优点，又能利用后者不受气候条件影响的特点。

2）发酵法

①厌氧发酵，又称沼气发酵 这种方法适用于处理含水量很高的鸡粪。

②快速好氧发酵法 利用鸡粪本身含有的大量微生物，如酵母菌、乳酸菌等，或采用专门筛选出来的发酵菌种，进行好氧发酵。

（2）污水的处理

有沼气处理法、人工湿地分解法、生态处理系统法等。

（3）死鸡的处理

①高温处理法 即将死鸡放入特设的高温锅（150℃）内熬煮，也可用普通大锅，经100℃以上的高温熬煮处理，均可达到彻底消毒的目的。

②土埋法 尸坑应远离鸡场、鸡舍、居民点和水源，掩埋深度不小于2米。

（4）垫料的处理

窖贮或堆贮；直接燃烧；生产沼气。

十、鸡的主要疾病防治

74. 新城疫的诊断和防治?

新城疫是由新城疫病毒引起的一种急性、高度接触性传染病。根据流行病学、临床症状和大体病理变化可以做出初步诊断，确诊需要进行实验室诊断。

(1) 临床诊断

雏鸡和商品肉鸡发病时相对较为典型，会造成程度不等的死亡，部分鸡有神经症状，呼吸困难，嗉囊、口积液，常见严重下痢；剖检有明显的胃肠道，包括腺胃乳头、腺胃肌胃交界处、十二指肠、盲肠扁桃体等出血现象。产蛋鸡发病时表现通常不典型，一般死淘无明显上升，主要以采食下降、产蛋下降、不合格蛋增多为主要发病症状。

(2) 实验室诊断

对新城疫的诊断可分为检测抗体或病毒。检测鸡新城疫抗体的方法有血凝抑制试验（HI）、中和试验、酶联免疫吸附试验（ELISA）、免疫荧光试验等，可根据条件选择使用。在基层鸡场，利用已知灭活抗原检测被检鸡的 HI 滴度，还是简单可行并有参考意义的诊断方法。在检测病毒方面，有聚合酶链反应（PCR）等多种方法，但目前国际间公认的还是病毒的分离与鉴定。

①样品采集　用于病毒分离，可从病死或濒死禽采集脑、肺、脾、肝、心、肾、肠（包括内容物）或口鼻拭子，除肠内容物需单独处理外，上述样品可单独采集或者混合。或从活禽采集气管和泄殖腔拭子，雏禽或珍禽采集拭子易造成损伤，可收集新鲜粪便代替。用于血清学试验的样品，一般于鸡翅静脉采血，其析出的血清用于血凝及血凝抑制试验。

②病毒培养鉴定　样品经处理后，接种 9 ~ 10 日龄 SPF 鸡胚，37℃孵育 4 ~ 7 天，收集尿囊液做 HA、HI 试验测定效价判定 ND 病毒存在。

(3) 防治措施

疫苗的免疫仍然是现阶段控制鸡新城疫的重要措施之一。

目前，常用的疫苗包括两大类，一类是灭活的油乳剂疫苗，另一类是弱毒活疫苗。

在广泛和密集地接种疫苗的基础上，逐步在有条件的鸡场或地区内实现对鸡新城疫病毒的净化。

鸡群一旦暴发新城疫，应立即紧急接种鸡新城疫苗 2 ~4 倍剂量饮水，最好是弱毒苗，防止应激过大，死亡率高；同时添加抗生素防止继发感染。

75. 什么是禽流感？如何防治禽流感？

禽流感（Avian Influenza，AI）是由 A 型流感病毒引起的家禽和野禽的一种急性、高度致死性传染病，我国农业部和国际兽医局都将其定为 A 类传染病。

目前 H9N2 病毒是多种新型病毒的“母病毒”，如 H7N9、H10N8、H5N2。不仅 H9N2 病毒，而且含有 H9N2 病毒基因的新病毒对哺乳动物的感染性增强，公共卫生学上越来越明显。

H9N2 病毒流行性更广，对鸡的危害性更强，肉鸡感染后死亡率增加。H9N2 亚型禽流感的危害越来越严重，特别是对人的潜在危害越来越大，在新型禽流感病毒的产生中发挥重要作用，对其防控要引起高度重视。H_9 亚型禽流感灭活油乳剂疫苗能够刺激机体产生抗体，但不能提供黏膜免疫保护，研发黏膜免疫疫苗具有重要意义。

76. 如何诊断禽流感？

根据流行病学、临床和病理变化可以确诊。

①临床症状　临床上出现突然死亡，且死亡率高，2 ~3 天内死亡率达 100%。鸡冠、肉髯出血肿大，头部、颈部出现水肿，流泪，脚鳞片下出血，呼吸罗音，呼吸困难，下痢，后期

出现神经症状。

②病理变化　败血症变化。腺胃乳头水肿、出血；肌胃角质层下出血；腺胃与肌胃交界处呈带状出血；母鸡卵泡充血等。H9N2 感染后支气管栓塞明显，气管严重淤血，分泌物增多，肺脏淤血实变。

77. 如何防治鸡巴氏菌病？

鸡巴氏杆菌病，又叫禽霍乱、禽出血性败血病，是由多杀性巴氏杆菌引起的，以急性败血性及组织器官出血性炎症为特征的传染病。其特点是发病率高、传播速度快、死亡率高。急性型主要表现无症状死亡，亚急性表现呼吸急促，常从鼻孔、口腔流出黏液，冠髯肿胀，边缘呈黑紫色，后期腹泻物呈绿色。病理剖检可见皮下组织、腹腔脂肪、肠系膜、浆膜、生殖器官等处有大小不等的出血斑点，整个肠道有充血、出血性炎症。肝表面有散在的灰白色针尖大小的坏死点。心冠脂肪、心内膜有大小不等的出血点。一旦暴发，经济损失巨大，做好预防工作是防止本病发生的重要措施。

①免疫接种　在疫区可以用氢氧化铝灭活菌苗进行预防注射。

②药物预防　巴氏杆菌为革兰阴性杆菌，一般抗生素均对其有效，病情严重区域，可以通过细菌分离培养药敏试验筛选用敏感药物，效果较好。

③加强饲养管理，搞好消毒卫生，严禁引进病鸡和带菌鸡。

④一旦发生本病，要立即进行封锁、隔离、治疗，并对鸡舍和周围环境以及用具进行彻底消毒。

78. 如何防治鸡白痢？

鸡白痢是由鸡白痢沙门氏菌引起的一种常见传染病，主要危害雏鸡。急性鸡白痢主要发生于3周龄以前，可造成大批死亡，病程有时可延续到3周龄以后，饲养管理条件差，雏鸡拥挤，环境卫生不好，温度过低，饲粮品质过差，都可能诱发该病。临床上多见雏鸡呼吸困难，拉出白色稀粪，肛门周围的绒毛常被粪便污染并和粪便粘在一起，病理剖检可见肝肿大、充血，心、肝等可见灰白色黄豆大的坏死结节。

防治措施有三种。

①对于种鸡场，定期进行鸡白痢检疫，及时淘汰带菌鸡，净化种鸡场；入孵蛋孵化前要做好消毒处理。

②雏鸡育雏室要做好饲养管理，搞好环境卫生。

③育雏期间，做好药物预防，鸡白痢是由沙门氏菌感染引起的，是革兰阴性杆菌，一般抗生素均对其有效。

79. 什么是免疫抑制性疾病？鸡常见的免疫抑制性疾病有哪些？有什么危害？

免疫抑制是由单一或多种因素导致的机体免疫器官、细胞等受损而引起的免疫系统损伤、功能暂时或永久性缺失的现象。

鸡常见的免疫抑制性疾病有马立克氏病（MD）、传染性法氏囊病（IBD）、鸡传染性贫血病（CIA）、网状内皮组织增生症（RE）、J－亚型禽白血病（AL－J）及鸡病毒性关节炎。鸡免疫抑制性疾病除了可能由病毒引起，饲料霉变、不合理用药、营养不良、应激及遗传因素等都可能造成机体的免疫抑制。

免疫抑制性疾病的危害包括两方面。

①这些疾病除单独发病，更多的是几种病毒混合感染，禽白血病、禽网状内皮组织增生症、鸡传染性贫血等病毒性疾病，在家禽生产中极易并发和继发其他传染性疾病或寄生虫病，并且可垂直传播，使该类疫病在鸡群中长期存在，难以净化，严

重影响家禽的生长及生产性能，给养禽业造成巨大经济损失。

②免疫抑制性病的存在，极大增加了禽病的发生风险和治疗难度，特别是对疫苗免疫的抑制作用，如对禽流感、新城疫等重大动物疫病产生免疫干扰，容易因免疫失败引发疫病流行。

80. 如何防治鸡马立克氏病?

鸡马立克氏病（MD）是由马立克氏病病毒（MDV）引起的一种高度接触传染的致癌性及神经性疾病，其特征是一些神经和内脏器官淋巴细胞转化为肿瘤细胞。根据临床症状可以分成4种类型：神经型、内脏型、眼型和皮肤型。一般为混合感染居多，其中肉鸡感染以内脏型为主，蛋鸡则兼有神经型和内脏型。其主要症状为腿脚麻痹，呈“劈叉”姿势，眼型主要为双眼虹膜的色素消失，因看不见采食引起消瘦、死亡；皮肤型的多发生于翅膀、颈部、背部等形成结节，剖检可见内脏器官形成大小不等的肿瘤结节。

①本病是由病毒引起的肿瘤性疾病，一旦发生，没有任何措施可以制止其流行和蔓延，更没有特效的治疗药物。因此防制该病的关键是做好切实的免疫。目前鸡马立克氏病疫苗使用最普遍的是火鸡疱疹病毒（HVT）苗，在鸡1日龄时进行免疫接种。

②建立无马立克氏病鸡群，坚持自繁自养，防止从场外传入该病。

③加强饲养管理，严格消毒。

81. 鸡传染性支气管炎如何防治?

鸡传染性支气管炎（后文简称传支）是由鸡传染性支气管炎病毒引起的一种急性、高度接触性传染病，能够引起鸡呼吸系统、泌尿系统和生殖系统感染，给养禽业造成巨大的经济损失。本病一年四季流行，在冬春季节尤为严重，临床上常与禽流感病毒 H_9、大肠杆菌及支原体混合感染，从而引起高发病率、高死亡率。

目前主要有呼吸型传支、肾型传支、卵巢和输卵管型，其中肾型传支危害最大。呼吸型传支主要病变发生在呼吸道，鼻腔、气管、支气管可见淡黄色渗出物，病程稍长可见干酪样物质；肾型传支可见肾肿大、苍白，肾小管因尿盐沉积而变粗，呈花斑状，心、肝表面也有沉积的尿酸盐。

防治措施有三种。

①做好免疫接种，目前常用的有 H_{120}和 H_{52}株，其中 H_{120}对雏鸡安全有效，H_{52}主要用于 90 ~ 120 日龄鸡只。

②防止继发感染。

③做好消毒措施。

82. 鸡传染性喉气管炎如何防治?

鸡传染性喉气管炎简称传喉，是由疱疹病毒引起的一种急性呼吸道疾病，其特征是高度呼吸困难、咳嗽、喘气、咳血；解剖可见喉头和气管出现黏膜坏死，并伴有出血，严重可见脱落的黏膜上皮、干酪样物质，也常见血凝块。

防治措施有三种。

①对从未爆发传染性喉气管炎的鸡场，不建议进行传喉疫苗免疫，防止病毒污染鸡场环境。

②对发生过传喉或者免疫接种过传喉的鸡场，要求每批鸡进场均要进行传喉疫苗免疫接种。首免 35 日龄左右，用传喉冻干疫苗点眼或者用饮水法免疫；75 ~ 80 日龄，传喉冻干疫苗饮水免疫。

③加强饲养管理，搞好环境卫生，定期做好消毒等措施。

83. 鸡支原体病如何防治?

鸡支原体病又称霉形体病。主要由鸡败血支原体引起的呼吸道传染病。支原体是一种缺少细胞壁的原核微生物，易与其他呼吸道细菌及病毒混合感染成慢性呼吸道疾病，该病主要通过种蛋传播，其次尘埃、器具、饮水等也可水平传播，临床上主要表现为流鼻涕、咳嗽、气囊炎、呼吸道啰音等，剖检可见气管、支气管有浑浊的黏稠渗出物，严重病例可见化脓性肝周炎和心包炎。

防治方法有三种。

①由于病禽痊愈后多带病毒，病毒通过种蛋垂直传播，因此应从无病种鸡场引种，加强隔离消毒，切断传染源。

②种鸡场应净化鸡群，在 2、4、6 月龄时进行血清学检查，淘汰阳性鸡，将无病鸡群隔离饲养作种用。

③合理用药，抗生素只能抑制支原体在鸡体内的活力，泰乐菌素、壮观霉素等对鸡支原体病均有效，但易产生耐药性，需结合药敏试验选择敏感药物治疗效果较好。

84. 鸡传染性法氏囊病如何防治?

鸡传染性法氏囊病是由法氏囊炎病毒引起的一种急性、高度接触性传染病，其特征是排白色稀便、法氏囊肿大、浆膜下有胶冻样水肿液。该病为免疫抑制性疾病，发病后会导致多种疫苗免疫失败，给养鸡场造成严重损失。临床上表现为精神不振、食欲减退，排白色水样稀便，剖解可见法氏囊肿大、出血、坏死，外观呈紫黑色，腿肌有片状出血，腺胃黏膜充血，腺胃与肌胃交界处黏膜有出血斑。

防治方法有三种。

①免疫接种，雏鸡分别在14日龄、28日龄左右进行法氏囊弱毒苗免疫接种。

②加强饲养管理，搞好环境卫生消毒。

③对症治疗，对于发病鸡，可以投抗生素防止继发感染。

85．鸡大肠杆菌病为何难防治？

大肠杆菌病是由不同血清型的大肠埃希氏杆菌所引起的。大肠杆菌为条件性致病菌，在自然界中无处不在，当环境变差、鸡只处于应激状态、体质较弱时就表现出致病性，使感染鸡群发病；大肠杆菌病临床上表现为拉白色或者黄色稀粪，腹部肿大，解剖可见典型的纤维性腹膜炎、肝周炎和心包炎，确诊需要实验室进行细菌分离培养，生化试验鉴定。

防治措施有三种。

①由于大肠杆菌为条件性致病菌，搞好饲养管理和环境卫生尤其重要，加强雏鸡管理，饮水中添加复合维生素，尽量减少断喙、免疫接种、转群等的应激反应。

②做好免疫接种，对于大肠杆菌比较严重的鸡场，可以用自家鸡场分离培养的大肠杆菌血清型做成灭活疫苗进行免疫接种，效果较好。

③大肠杆菌抗菌谱广，一般抗生素均对其有效，但也是一种极易产生耐药性的细菌，所以治疗过程中，最好交替用药，以免产生耐药性。对耐药性严重的鸡场，可以通过实验室药敏试验选择敏感性药物进行治疗，效果较好。

86．产蛋下降综合征如何防治？

产蛋下降综合征是由腺病毒引起的使鸡群产蛋率下降的一

种传染病。其主要特征为产蛋量下降，蛋壳褪色、软壳蛋畸形蛋增加，产蛋量下降30% ~50%。临床上表现为食欲不佳，产蛋量急剧下降，畸形蛋增加，蛋鸡死亡率不高；剖检可见输卵管及子宫黏膜肥厚，卵泡软化等；进一步诊断可通过实验室血清学抗体检测进行。

防治措施有两种。

①免疫接种，蛋鸡可在开产前免疫接种产蛋下降综合征油乳灭活疫苗。

②加强饲养管理，搞好环境卫生，定期做好消毒等措施。

87. 鸡痘如何防治?

鸡痘是由痘病毒引起的一种具有高度传染性的疫病。夏秋季蚊虫多时最易流行，主要是通过皮肤和黏膜的伤口感染，主要由蚊虫传播。病鸡生长迟缓，减少产蛋，若继发其他传染病、寄生虫病和卫生条件、营养状况不良时，也可引起大批死亡。

防治方法有三种。

①夏秋季节用鸡痘疫苗翼膜刺种法穿刺免疫接种。

②发病后主要采取对症疗法，以减轻病鸡症状和防止并发症。皮肤上的痘痂，一般不作治疗，必要时可用清洁镊子小心剥离，伤口涂碘酒、红汞或紫药水；鸡患白喉型鸡痘时，用镊子剥掉口腔黏膜的假膜后，先用1%高锰酸钾液清洗，再用碘甘油或氯霉素、鱼肝油涂擦；病鸡眼部如果发生肿胀，眼已损坏，可将眼部蓄积的干酪样物排出，然后用2%硼酸溶液或1%的高锰酸钾液冲洗干净；剥下的假膜、痘痂或干酪样物质都应烧掉或者进行无害化处理，严禁乱丢，以防病毒扩散。

③加强饲养管理，搞好环境卫生，定期做好消毒等措施。

88. 鸡球虫病如何防治?

鸡球虫病临床上可见鸡只拉带血粪便，明显贫血，消瘦，精神沉郁，剖检可见小肠有粟粒大出血点和灰白色坏死灶（小肠球虫）；盲肠肿胀，充满血凝块及豆渣样坏死物质，同时盲肠硬化、变脆（盲肠球虫）。根据临床和病理变化可以初步诊断，确诊需要采用粪便饱和食盐水漂浮法或者粪便涂片检查法确诊。

鸡球虫病的危害大，造成鸡只死亡率高，饲料报酬低，经济损失严重。

防治措施有四种。

①免疫接种 在 3 ~ 5 日龄用球虫弱毒疫苗进行饮水免疫，鸡接种球虫疫苗后需要重复感染才能产生免疫力（鸡吃进的球虫疫苗在体内繁殖后，将球虫卵囊排出体外，在外孢子化后鸡只吃进去，并在体内繁殖才能产生强免疫力），因此球虫疫苗免疫后 10 日内不能更换垫料。

②药物预防 饲料里可轮换添加盐霉素、莫能霉素等对预防球虫病有一定效果。

③药物治疗 一旦发现鸡场出现血便、鸡只消瘦等球虫病症状，剖解确诊后尽早用药治疗，由于球虫易产生耐药性，建议轮换用药。

④做好卫生消毒措施 球虫卵囊的抵抗力强，常用的消毒剂杀灭卵囊的效果极弱。鸡场的鸡粪可采用聚乙烯薄膜覆盖鸡粪，这样有利于堆肥发酵产生高温和氨气，杀灭球虫。

89. 怎样预防蛋鸡脂肪肝综合征?

蛋鸡脂肪肝综合征主要是肝细胞中沉积大量脂肪，鸡体肥胖，产蛋减少，个别鸡只因肝功能障碍或肝破裂死亡。脂肪肝多发生于高产鸡群，临床上大多数鸡只表现为精神状态良好，但明显肥胖，体重比正常水平高出20%～25%，产蛋率明显下降；急性发病鸡常表现吞咽困难，精神萎靡，瘫痪，冠髯苍白。剖检可见皮、肠管、肠系膜、腹腔后部、肌胃、肾脏及心脏周围有大量脂肪沉积，肝脏肿大、呈灰黄色的油腻状、质脆，肝被膜下常有出血形成的血凝块，卵巢和输卵管周围也常见大量脂肪。

防治方法分三种。

①饲喂低能日粮　降低日粮中的玉米含量，增加优质鱼粉、胆碱及粗纤维含量。

②搞好饲养管理　避免因光照、饮水等原因造成产蛋下降，蛋鸡维持需要降低后造成营养过剩，转化为脂肪蓄积。

③适当限饲　可以适当限饲8%～10%，可在饲料中添加苜蓿粉或者麸皮。

90．肉鸡腹水综合征有什么症状？怎样防治？

肉鸡腹水综合征是快速生长的肉仔鸡发生的以腹水、肺充血、水肿及肝脏病变等为特征的一种综合征。主要症状为，羽毛污浊、肛门粪污、腹部膨大如水袋，剖检可见腹腔大量的淡黄色腹水。引起该病的主要原因有四种。

①遗传因素　该病主要发生于快速生长肉鸡，由于快大鸡对能量和氧气的消耗量大，易造成红细胞不能在肺毛细血管内流畅流动，影响肺部的血液灌注，导致肺动脉高血压及其心力衰竭。

②慢性缺氧　由于冬季空气稀薄，门窗关闭、通风不良，二氧化碳、氨气、尘埃等浓度增加，加上冬季肉鸡代谢率增加，耗氧量加大，患腹水综合征的鸡只死亡率明显增加。

③饲喂高能日粮 饲喂高能日粮的鸡腹水综合征的发病率是低能日粮的4倍。

④疾病等原因造成的继发病变，尤其是黄曲霉毒素中毒等疾病对肝脏造成极大损伤，极易诱发腹水症。

肉鸡腹水症发生后，由于鸡只抵抗力差，极易继发多种病变。

防治方法是加强饲养管理，调整好鸡只密度，控制好舍温、保证鸡舍内通风换气；适当控制鸡只生长速度，晚间可以适当关灯；避免霉菌毒素中毒，减少继发腹水症；对症治疗，可以使用强心利尿的药物对症治疗，也可以腹腔注射药物防止感染。

91. 如何防治黄曲霉毒素中毒?

黄曲霉毒素是黄曲霉菌的代谢产物，广泛存在于各种发霉变质的饲料，对家禽毒害非常大。黄曲霉菌能产生多种毒素，其中毒性最大为黄曲霉毒素 B_1，其广泛存在于花生饼、玉米等饲料中，鸡对黄曲霉毒素非常敏感，采食含黄曲霉毒素的饲料易引起病变。

①临床表现 鸡只精神萎靡，食欲不振，消瘦，贫血，个别出现神经症状。剖检发现主要病变在肝脏，可见肝脏肿大、颜色变淡呈黄染、有出血斑点或坏死，胆囊扩张、充满胆汁，肾脏苍白肿大。根据临床症状和病理变化可以初步诊断，确诊需要送实验室测定饲料或肝脏中的霉菌毒素含量。

②防治方法 无特效药，禁止使用发霉变质的饲料喂鸡是根本措施；加强饲料及其饲料原料的保存，防止其霉变，尤其是多雨季节；停止使用霉变饲料，同时对症治疗，给鸡只补充复合维生素，同时可投盐类轻泻剂；使用黄曲霉毒素吸附剂，可用于拌料，效果较好。

第三部分

牛高效安全养殖技术问答

一、牛的品种

1. 目前生产中有哪些主要奶牛品种?

(1) 乳用型荷斯坦牛

①外貌特征　具有典型的乳用特征，侧望、上望和前望成年牛分别呈三个不同的楔形。后躯发达，乳房容积大、结构良好，乳静脉粗大、多弯曲。皮毛薄而细短，富有弹性。皮下脂肪少，肌肉附着紧凑。毛色是黑白分明的黑白花片，有黑多白少和白多黑少两类。额部有白星，腋下、腹下、乳房、尾部尖端必为白色。角向前下方内侧弯曲。

成年公牛体重 900 ~ 1 200 千克，母牛 650 ~ 750 千克。犊牛初生重 38 ~ 50 千克。公牛平均体高 145 厘米，平均体长为 190 厘米，胸围 206 厘米，管围 23 厘米；母牛依次为 135 厘米、170 厘米、195 厘米和 19 厘米。

②生产性能　该品种是乳用牛中产奶量最高的。泌乳性能好，但干物质含量稍低。成年母牛年产奶量一般为 6 000 ~ 7 000 千克，乳脂率 3.5% ~4.4%，乳蛋白率 3.3%。

荷斯坦牛的缺点是乳脂率较低，不耐热，高温时产奶量明显下降。因此，夏季饲养要注意防暑降温。

（2）兼用型荷斯坦牛

①外貌特征　体格略小于乳用型，体躯低矮宽深，皮肤柔软而稍厚，尻部方正，四肢短而开张，肢势端正，侧望略偏矩形，乳房发育匀称，前伸后展，附着好，多呈方圆形；毛色与乳用型相同，但花片更加整齐美观。成年公牛体重 900～1 100 千克，母牛 550～700 千克。犊牛初生重 35～45 千克。

②生产性能　年产奶量一般为 4 500～6 000 千克，乳脂率为 3.5%～3.8%。高产者可达 1 万千克以上。肉用性能较好，经肥育的公牛，500 日龄平均活重为 500 千克以上，屠宰率可达 62.8%。

（3）中国荷斯坦牛

中国黑白花牛，1992 年更名为“中国荷斯坦牛”。中国荷斯坦牛是利用从国外引进的荷兰牛在中国不断驯化和培育，后与中国黄牛进行杂交并经长期选育而逐渐形成。

①泌乳性能　重点育种场的乳牛，全群年平均产乳量已达到7 000 千克以上。

②产肉性能　据少数地区测定，未经肥育的母牛和去势公牛，屠宰率平均可达 50% 以上，净肉率在 40% 以上。

③繁殖性能　初情期在 6～9 月龄，随饲养和环境条件不同而有差异，一般 14 月龄后开始配种，发情周期 15～24 天，平均 21 天；妊娠天数，母犊牛为 277.5 天，公犊牛为 278.7 天。

（4）娟姗牛

①外貌特征　体型小，头小而清秀，额部凹陷，两眼突出，乳房发育良好，毛色为不同深浅的褐色。成年公牛体高 123～

130 厘米，体重 500 ~ 700 千克，母牛体高 111 ~ 120 厘米，体重 350 ~ 450 千克。娟姗牛的毛色从浅灰色、深黄色至接近黑色。

②生产性能　一般年平均产奶量为 3 500 千克，乳脂率为 5.5% ~ 6%，乳脂色黄而风味好。娟姗牛性成熟早，一般 15 ~ 16 月龄便开始配种，较耐热。

2. 目前生产中有哪些肉奶兼用牛品种?

（1）西门塔尔牛

中国西门塔尔牛品种于 2006 年在内蒙古和山东省梁山县同时育成。根据培育地点的生态环境不同，分为平原、草原、山区三个类群，种群规模达 100 万头。

①外貌特征　该牛毛色为黄白花或淡红白花，头、胸、腹下、四肢及尾帚多为白色，皮肤为粉红色，头较长，面宽；角较细而向外上方弯曲，尖端稍向上。颈长中等；体躯长，呈圆筒状，肌肉丰满；前躯较后躯发育好，胸深，尻宽平，四肢结实，大腿肌肉发达。成年公牛体重为 800 ~ 1 200 千克，母牛 650 ~ 800 千克。

②生产性能　乳、肉用性能均较好，平均产奶量为 4 070 千克，乳脂率 3.9%。日增重可达 1.35 ~ 1.45 千克。公牛育肥后屠宰率可达 65% 左右。成年母牛难产率低，适应性强，耐粗放管理。该牛是兼具奶牛和肉牛特点的典型品种。

公牛体高可达 150 ~ 160 厘米，母牛可达 135 ~ 142 厘米。腿部肌肉发达，体躯呈圆筒状、脂肪少。早期生长速度快，产肉性能高，胴体瘦肉多。在育肥期日增重 1.5 ~ 2 千克，12 月龄的牛可达 500 ~ 550 千克。肉品等级高，肉色鲜红、纹理细致、富有弹性、大理石花纹适中、脂肪色泽为白色或带淡黄色、脂肪质地有较高的硬度、胴体体表脂肪覆盖率100%。

（2）蜀宣花牛

蜀宣花牛是四川省畜牧科学研究院联合宣汉县农业农村局（原宣汉县畜牧食品局）等单位以宣汉黄牛为母本，西门塔尔牛、荷斯坦牛为父本，历经30多年定向选育，育成的乳肉兼用型新品种牛，2012年获新品种证书。

①主要分布　主产区位于四川省宣汉县，已推广到内蒙古、陕西、山西、贵州、云南、福建、山东、河南、河北、辽宁、重庆、新疆12个省区。

②外貌特征　体型中等，结构匀称，体质结实，肌肉发达；毛色有黄白花和红白花，头部白色或有花斑，尾梢、四肢和腹部为白色；头大小适中，角向前上方伸展，角蹄蜡黄色为主，鼻镜肉色或有黑色斑点；体躯深宽，颈肩结合良好，背腰平直，后躯宽广；四肢端正，蹄质坚实；乳房发育良好，结构均匀紧凑；成年公牛略有肩峰。

③生产性能　平均胎次产奶量4 495.4千克，乳脂率达到4.2%；成年公牛、母牛平均体重分别达到826.2千克和530.2千克，较2011年品种审定之初增加了44.0千克和8.1千克；育肥牛18月龄平均体重达到526.9千克，比2011年提高了17.8千克；育肥期平均日增重1.14千克，屠宰率58.1%，净肉率48.2%。若在高营养水平下，30月龄育肥牛的眼肌大理石花纹为中国标准的5级，胴体等级可达到中国标准的特级。

（3）西藏高山牦牛

西藏高山牦牛主要分布于西藏自治区东部、南部的山原地区，海拔4 000米以上的高寒湿润草场上也有分布，品质以嘉黎县产的牦牛最为优良。

①外貌特征　头较粗重，额宽平，面稍凹，眼圆有神，嘴方大，唇薄，绝大多数有角，角形向外折向上、开张，角间距大，母牦牛角较细。公、母牦牛均无肉垂，前胸开阔，胸深，肋开张，背腰平直，腹大而不下垂，尻部较窄、倾斜。尾根低，尾短。四肢强健有力，蹄小而圆，蹄叉紧，蹄质坚实，肢势端正。前胸、臂部、胸腹体侧着生长毛及地，尾毛丛生帚状。公牦牛鬐甲高而丰满，略显肩峰，雄性特征明显，颈厚粗短；母牦牛头、颈较清秀。毛色较杂，多为全身黑毛，为60%左右，面部白、头白、躯体黑毛者次之，为30%左右，其他灰、青、褐、全白等毛色占10%左右。

②生产性能　成年公牛的体高、体斜长、胸围、管围和体重分别为130.0厘米、154.2厘米、197.4厘米、22.4厘米、420.6千克，成年母牛分别为107.0厘米、132.8厘米、161.6厘米、16.1厘米、242.8千克。性温驯，驮力强，耐劳，供长途驮载货物运输。一般驮重为其体重的1/4，即100～120千克。每年六七月份剪毛一次，公、母、阉牦牛的平均产毛量分别为1.76千克、0.45千克和1.70千克。

（4）天祝白牦牛

天祝白牦牛产区为天祝藏族自治县，位于甘肃省中部，祁连山脉的东端，青藏高原北边。

①外貌特征　全身被毛纯白，密长且丰厚，耐严寒。公牦牛头大额宽，头心毛曲卷，眼大有神，雄性突出，鼻镜小，颈粗，垂皮不发达，耆甲明显隆起，前躯宽阔，胸部发育良好。睾丸较小，被阴囊紧裹。母牦牛头部清秀，额较窄，有角或无角。外表特征是全身毛长。尤其是额部毛很长，往往眼睛被覆盖，嘴和鼻孔比公牦牛稍小而瘦凸，颈细薄，耆甲稍高，身躯

发育协调，腹大而圆不垂，乳房小，乳头短，着生均匀，大小相称，发育良好。

②生产性能　晚熟，一般4岁大才能体成熟。初生体重公犊牛10～13千克，母牦牛为8～11千克。平均断奶日龄200天，断奶时体重70千克左右。初生至4岁，公牦牛增重200～230千克，母牦牛增重160～180千克，1～2岁增重最快，公牦牛年增重58～60千克，母牦牛相应为57～59千克。

一般母牦牛12月龄第一次发情，初配年龄母牦牛为2.5～3岁，初配体重160千克，一般4岁才能体成熟。发情季节为6～11月份，个别母牦牛12月份也发情，7～9月为发情旺季。多为两年产1犊或三年产2犊。

公牦牛一般在2周岁即具有配种能力，但实际在母牦牛群中参与初配的年龄为3～4岁，利用年限为4～5年，8岁以后很少能在大群中交配。目前均为自交，公母配种比例为1:15～1:25。

一般在6月中旬剪毛（对公牛进行拔毛），每年剪（拔）毛一次，在剪（拔）毛前先进行抓绒，尾毛每两年剪一次。成年公牦牛平均剪（拔）裙毛量为3.86千克，抓绒量为0.46千克，尾毛量为0.68千克；成年母牦牛相应为1.76千克、0.36千克、0.43千克；阉牦牛相应为1.97千克、0.63千克、0.41千克。

在高山草原放牧条件下，产乳母牦牛带犊自然哺乳，一般对产第一胎的母牦牛，牧民称为头玛不挤乳，主要是调教母牦牛让犊牛哺吮；产乳年龄3～15岁，6～12岁为产乳盛期，年产乳量为450千克左右，其中2/3以上的乳由犊牛哺吮。6～9月份为挤乳期，农历五月初五端午节至八月十五中秋节，挤乳期为105～120天，日挤乳1次，日挤乳量0.5～4.0千克。

在自然放牧状况下，秋末宰前成年公牛活重272.65±37.41

千克，母牛活重 217.53 ± 15.53 千克；胴体公牛重 141.63 ± 19.44 千克，胴体母牛重 113.33 ± 10.00 千克，屠宰率为 52.0%，净肉率为 39.94%，背部脂肪厚度 3 毫米。1 ~ 4 岁牛平均日增重，公牦牛分别为 162.2 克、157.3 克、114.8 克和 136.2 克；母牦牛分别为 160.5 克、154.8 克、71.5 克和 52.9 克。

二、奶牛的饲养管理

3. 犊牛有哪些主要生理特点及其饲养管理?

犊牛出生后 7 天内为初生期，也称新生期。在此期内犊牛对新的生活环境适应能力很差，主要是抗病力差和营养不适应。因此，推荐犊牛出生后 30 分钟之内，最迟也不能超过 2 小时喂初乳。第一次的喂量不限，即尽其饮足，以后每日喂量可按体重的 1/8 ~1/6 计，分 2 次或 3 次喂完。初乳挤出后若搁置时间久，应隔水加热至 35 ~ 38℃ 后再喂。如母牛产后生病或死亡，可喂给同时期分娩的其他健康母牛的初乳。如无此种母牛，则要喂常乳，但每天须补饲 20 毫升鱼肝油，以补充维生素 A。

当犊牛初生期结束后，就可以从护仔栏转入犊牛舍，进入初生期后的饲养阶段。在此阶段开始哺喂常乳、补饲草料，并逐渐过渡到断奶，而以固体性饲料进行培育。

从出生后 1 周开始，就应给予优质干草，任其自由咀嚼，练习采食，同时开始训练犊牛吃精料。初喂时可涂抹犊牛口鼻，教其舔食，使其慢慢适应，一般出生后 3 周开始，就可以向混合精料中加入切碎的胡萝卜之类的多汁料，青贮料从 2 月龄开始喂给。一般所配日粮中蛋白质含量应是 20% 以上，脂肪含量为7.5%～12.5%，粗纤维含量不超过5%。

4. 如何进行初生犊牛的管理?

①清除黏液、处理好脐带　清除口鼻部的黏液，擦拭其体躯上的黏液，并将它放在母牛前面，让母牛舔干。母牛舔干犊牛身上的羊水，还有利于子宫收缩复原，便于排出胎衣。如脐带已断裂，可在断端用5%碘酊充分消毒，未断时可在距腹部6～8厘米处用消毒剪刀剪断，然后充分消毒。

②哺乳卫生管理　犊牛出生后2周内宜用带有橡皮奶嘴的奶壶哺乳。3周龄后瘤胃中已形成微生物区系，可以用奶桶喂奶。每次饮完奶后，喂奶用具及时洗净，用前消毒，及时地用干净的毛巾将残留乳汁擦净。并用颈枷夹住犊牛，等其干燥后再放开，以免形成舔癖。若已形成舔癖，则可用小棒敲打嘴巴，破坏其吮吸反射，经反复多次即可纠正。

③犊牛舍卫生管理　初生期犊牛放在护仔栏内，初生期结束后转入犊牛舍。犊牛出生后2周内极易患肺炎和下痢。护仔栏在产犊前进行充分消毒，并铺上厚厚的垫草，犊牛栏也要做到定期消毒，保持舍内空气新鲜，温湿度适宜，阳光充足。

④运动与光照　一般情况下，出生后10天就要将其驱赶到运动场，每天进行0.5～1小时的驱赶运动，1月龄后增至2～3小时，分上午、下午两次进行。有试验证明光照可提高增重10%～17%。

⑤皮肤卫生　坚持每天刷拭皮肤，促进皮肤的呼吸和血液循环，增强代谢作用，提高饲料转化率。有利于犊牛的生长发育，还可保持牛体清洁，防止体表寄生虫滋生和养成犊牛驯良的性格。

5. 成母牛有哪些饲养管理要求?

成母牛是指第一次产犊后的母牛。饲养成母牛的目的，就是多繁殖优良后代，提供量多、质优的牛奶，创造更高的经济效益。

（1）成母牛的饲养

尽量让成母牛多采食青粗饲料和吃完定额精料，让牛既吃得饱，又消化好，还不浪费饲料，最终达到提高产奶水平的目的。饲喂次数，一般的做法多采用日喂3次，6 000千克/年以下的中低产牛群也有日喂2～3次的情况，7 000千克/年以上的高产牛群可日喂3～4次，特别是每日要多次均匀饲喂精料。

①饲料原料多样化　一般来说，奶牛日粮组成中精料至少有4～5种，粗料要有3种以上，此外还须提供多汁料及副产品饲料。

②精、粗饲料要合理搭配　应以青粗饲料为主，适当搭配精料，精料的喂量应根据泌乳牛的生理阶段、生产性能、青粗饲料所含的蛋白质水平和能量浓度而定。同时日粮体积大小，干物质多少，也是组成日粮的参考依据，既要做到日粮满足营养需要，又要体积适当能吃得进。各阶段日粮的改变应该有7～10天的过渡。奶牛日粮组成按干物质计的基本原则如下。

精粗比例，干奶期30∶70，围产期50∶50，泌乳盛期60∶40，极限值为70∶30；泌乳中期50∶50，泌乳后期45∶55。钙、磷比例1.5∶1～2∶1。粗纤维占日粮干物质比例14%～18%。保持能量与蛋白质的平衡，保证各种微量元素及维生素的合理比例。

（2）成母牛的日常管理

①刷拭牛体　一般要求每日刷2次，且应在挤奶前0.5～1

小时完成。

②肢蹄护理　保持牛舍通道、牛床、运动场地面干燥、清洁，防止通道及运动场上有碎石或尖锐异物，以免损伤牛蹄。定期用10%的硫酸铜、硫酸锌或3%福尔马林溶液浴蹄，对经产母牛坚持春秋季定期修蹄。

6．如何进行犊牛的早期断奶？

①早期断奶时间的确定　我国犊牛早期断奶的时间确定为4～8周。如及时地补饲草料，4周龄时瘤胃容积可占全胃容积的64%，已达成年牛相应指标的80%左右，6～8周龄时前两胃净重的65%，已接近成年牛的比例，而且6～8周龄犊牛瘤胃发酵粗、精饲料产生的挥发性脂肪酸的组成和比例与成年牛相似，说明此时的犊牛对固体性饲料已具备了较高的消化能力，是犊牛断奶的适当时期。

②早期断奶方案的制定　犊牛早期断奶方案的制定要根据生产用途（乳用、肉用）、犊牛料、代乳料的生产水平及饲管水平等来具体安排，没有统一规定，养殖场（户）要视具体情况而定。原则是在保持一定的生长速度前提下，不要饲养过度，也不要饲养不足，尽量多用青粗饲料。

7．常用的干奶方法有哪些？

在确定干奶前，先做以下两项工作，一是要验胎，确保有孕；避免因初次验胎的失误导致奶牛长期空怀；二是必须进行隐性乳房炎检测，此期间是治疗隐性乳房炎的最佳时期。

①逐渐干奶法　用1～2周的时间使奶牛停止泌乳，这种方法适用于过去难停奶的牛或高产牛。具体方法是在预定停奶前

1~2 周开始停止乳房按摩，改变挤奶次数和挤奶时间，由每天3次挤奶改为2次，而后1天1次或隔日1次；改变日粮结构，停喂糟渣、多汁饲料，减喂精料，增喂干草，控制饮水，当产奶量降至4~5千克时，即停止挤奶。

②快速干奶法　此法是用5~7天的时间将奶牛干奶，用于高、中产牛。快速干奶的具体方法是从干奶的第1天起，适当减少精料，停喂多汁料，控制饮水量；减少挤奶次数和打乱挤奶时间：干奶的第1天由每天挤奶3次改为日挤奶2次，第2天挤1次，以后隔日挤1次，一般经5~7天后，日产奶量下降到10千克以下时，即可停止挤奶。若为低产牛可在预定干奶之日，即停止挤奶。

停奶后，若乳房出现过分肿胀、红胀或滴奶等现象，应重新挤奶，待炎症消失后再行干奶。

8. 围产期奶牛如何进行饲养管理?

围产期是指母牛分娩前后各15天这段时间，也可适当缩短或延长1周。围产期奶牛一般在专门的产房进行饲养管理。

①围产前期饲养　这一时期常采用引导饲养法，方法是从产犊前2周开始，每天在原精料水平的基础上增加0.5千克，直到采食精料量达到体重的1%~1.5%为止。临产前母牛除减喂食盐外，还应饲喂低钙日粮。其钙含量减至平时喂量的1/2~1/3，或钙在日粮干物质中的比例降至0.2%，临产前2~3天内，精料中可适当增加麸皮含量，以防便秘，利于分娩。产犊后的前7天可视奶牛健康和乳房肿胀情况继续采用引导饲养，以便于奶牛体况的恢复。围产前期奶牛体况以维持在3.5~4分为宜。过肥过瘦都不利于奶牛产犊和产后健康。

②围产前期管理　母牛产前2周应转入产房，单独进行饲养管理。产房预先打扫干净，用2%火碱（氢氧化钠）或20%的石灰水喷洒消毒，铺上干净而柔软的褥草，并建立常规的消毒制度。母牛后躯和阴部用2%～3%来苏儿溶液刷洗，然后用毛巾擦干。

产房昼夜有人值班，勤换垫草，坚持运动和刷拭。发现母牛有临产症状时，助产员用0.1%高锰酸钾溶液洗涤外阴部和臀部附件，并擦干，铺好垫草，任其自然产出。

9. 怎样对奶牛泌乳盛期进行饲养管理？

泌乳盛期指奶牛产后16～70天，这一时期是奶牛生理各指标变化最为剧烈的时期，也是生产上最难饲养的时期之一。减少体内能量负平衡，避免奶牛过度减重，保证奶牛健康是此期工作的重点之一。这一时期奶牛的体况最低不应低于2分。另一个重点工作是在保证奶牛健康的前提下努力提高产奶量。据统计，产后的第70～100天，奶牛产奶量可占整个泌乳期产奶量的40%～45%。奶牛最高产奶日峰值越高，本胎次产奶量就越高。当峰值产奶量每增加1千克，本胎次产奶量相应地增加200千克。

泌乳盛期是饲养难度最大的阶段，其难点在于高产与减重之间的矛盾。此时泌乳处于高峰期，势必要增加营养需要，但是母牛的采食量并未达到最高峰，因而造成营养入不敷出，处于能量负平衡状态。这一方面将导致动用体脂过多，母牛体重剧减，较高的产奶量难以维持。另一方面在能量不足和糖代谢障碍的情况下，脂肪极易氧化不完全而引发酮病。结果使奶牛食欲减退、产奶量猛降，如不及时改善对牛体损害极大。

另外，正常母牛在产犊大约40天之后开始发情，60天时再次配种，此时如果营养负平衡问题严重，将会导致体重下降过快，代谢失常，从而会使配种延迟，繁殖率下降。

（1）饲养方法

此期通常采用预付饲养法，或挑战饲养法，逐渐增加精饲料的饲喂。除了根据产奶量按饲养标准给予饲料外，再另外多给1～2千克精料，以满足其产奶量继续提高的需要。在泌乳盛期加喂预付饲料以后，母牛产奶也随之增加，如果在10天之内产奶量增加了，还应该继续预付，直到产奶量不再增加，才停止预付。

研究表明，采用预付饲养法，可提高奶牛的产乳高峰，使牛奶增加的优势持续整个泌乳期，因而能显著提高全泌乳期的产奶量。

（2）管理技术

①多次饲喂　精料分多次饲喂，每天6～8次，粗料则每天喂3次，或自由采食。同时适当增加食盐、钙、磷等矿物质饲料和优质粗饲料的采食，以最大限度保持泌乳盛期奶牛日粮营养的平衡。

②增加挤奶次数　由原来3次挤奶改为4次，促进乳的合成与分泌，有利于提高整个泌乳期的产奶量，此期易发乳房炎，要加强挤奶和乳房护理。

③及时配种　一般奶牛产后1个月左右生殖道基本康复，随之开始发情。此时应详细做好记录，在随后的1～2个发情期，即可抓紧配种。对产后45～60天尚未出现发情征候的奶牛，应及时进行健康、营养和生殖道系统的检查，发现问题，尽早解决。

三、肉牛的饲养管理

10．如何进行犊牛育肥?

（1）犊牛的选择

①品种　一般利用奶牛业中不作种用的公犊进行犊牛肥育。在我国多数地区以黑白花奶牛公犊为主。

②性别、年龄与体重　一般选择初生重不低于35千克，无缺损，健康状况良好的初生公牛犊。

③体型外貌　选择头方大，前管围粗壮，蹄大的犊牛。

（2）饲养与管理

①饲料　为全乳或代乳品。代乳品配方是，脱脂乳60%～70%、猪油15%～20%、乳清15%～20%、玉米粉1%～2%、预混料2%。

②饲喂　实行计划采食1～2周期，代乳品温度为38℃，以后为30～35℃。饲喂工具用奶嘴，每天喂2～3次，最初每天喂3～4千克，以后增加到8～10千克。4周龄后，吃多少喂多少。

③管理　严格控制饲料和水中矿物质铁元素的含量，使牛在缺矿物质铁元素的条件下生长，采用水泥地面。

④屠宰月龄和体重　屠宰月龄为2～5月龄，体重在90～170千克。

11．怎样持续育肥?

持续育肥是指犊牛断奶后，立即转入育肥阶段进行育肥，一直到12～18月龄出栏，体重达到400～500千克。持续育肥由于饲料利用率高，是一种较好的育肥方法。持续育肥可以采用舍饲和放牧两种育肥方法。放牧形式持续育肥，要补充精料。舍饲持续育肥，每天喂2~3次，饲喂3次效果更好。日增重保持1~2千克。为便于操作，提供如下方案。

①6月龄断奶，体重150千克，育肥6个月，12月龄时体重达到400千克。

体重150~200千克阶段自由采食氨化秸秆，每头每天补苜蓿干草0.5千克，日喂精料3.2千克。体重200~250千克，日喂精料3.8千克。精料配方为玉米55%、棉籽饼25%、麸皮16%、预混料2.5%、食盐1%、小苏打0.5%。

体重250~400千克阶段，自由采食处理秸秆，每头每天补苜蓿干草0.8千克。其中，体重250~300千克阶段，日喂精料4.2千克。精料配方为玉米60%、棉籽饼10%、豆粕8%、麸皮18%、预混料2.5%、食盐1.0%、小苏打0.5%。

②犊牛双月龄断奶，体重70千克；16月龄出栏，体重470千克左右。

3~6月龄，体重70~160千克，每天每头采食青干草1.5千克、青贮料1.8千克，日喂精料2千克。

7~12月龄，体重160~320千克，每天每头采食青干草3千克、青贮料8千克，日喂精料4千克。

13~16月龄，体重320~470千克，每天每头采食青干草4千克、青贮料8千克，日喂精料4千克。

精料配方为玉米40%、棉籽饼15%、麸皮20%、菜籽粕5%、豆粕10%、预混料2.4%、食盐0.6%、沸石3%。6月龄后按每千克精料添加15克尿素。

12. 如何进行架子牛育肥?

对体重在300~400千克的架子牛，集中90~100天进行强化快速育肥，体重达500千克左右出栏，具有饲养周期短、资金周转快、生产成本低、经济效益显著等特点。在春季利用舍饲快速育肥架子牛，应做好以下几个方面的工作。

（1）选好架子牛

在品种上要选择优良肉用品种，如夏洛来、西门塔尔、利木赞等与当地黄牛的杂交种最好；在性别上要选购未去势的公牛，年龄在1~2.5岁，体重在300~400千克，身体健康无病，体型发育良好为宜。

（2）疾病预防

①肉牛瘟疫苗　仔肉牛21~25日龄第一次注射2头份，60~70日龄时进行二免，注射4头份；后备母肉牛在第一次交配前30天注射4头份；生产母肉牛在每胎断奶当天注射4头份，但不可给已孕母肉牛注射；种公肉牛每年春季一次注射4头份。

②肉牛丹毒肺疫二联苗　仔肉牛在60日龄时注射2头份；后备公母肉牛在第一次配种前30天注射3头份；生产母肉牛每胎断奶当天注射3头份；种公肉牛每年3月、9月份各注射1次，每次3头份。

③仔肉牛副伤寒苗　21~25日龄注射1.5头份。

④口蹄疫苗　仔肉牛35~45日龄第一次注射1毫升，70~80日龄第二次注射2毫升；后备肉牛在配种前20天注射2毫升；生产母肉牛分娩前45天注射2毫升；种公肉牛每年2月、9月份各注射1次，每次2毫升。

⑤传染性萎缩性鼻炎苗　仔肉牛35日龄注射2毫升；生产

母肉牛产前30天注射2毫升。种公肉牛每年3月、9月份各注射1次，每次2毫升。

⑥链球菌苗　仔肉牛7日龄注射1.5头份，70日龄再注射2头份；生产母肉牛和种公肉牛每年3月、9月份各注射1次，每次2头份。

（3）新购入架子牛的饲养管理原则

①隔离饲养　进场后应在隔离区，隔离饲养15天以上，防止随牛引入疫病。

②饮水　由于运输途中饮水困难，架子牛会发生缺水，因此架子牛进入围栏后要掌握好饮水量。第一次饮水量以10~15千克为宜，可加人工盐，每头100克；第二次饮水在第一次饮水后的3~4小时，饮水时，水中可加些麸皮。

③粗饲料饲喂方法　首先饲喂优质青干草、秸秆、青贮饲料，第一次喂量应限制，每头4~5千克；第二、三天以后可以逐渐增加喂量，每头每天8~10千克；第五、六天以后可以自由采食。

④饲喂精饲料方法　架子牛进场以后4~5天可以饲喂混合精饲料，混合精饲料的量由少到多，逐渐添加，15天后可喂给正常供给量。

⑤分群饲养　按大小强弱分群饲养，牛围栏要干燥，分群前围栏内铺垫草。每头牛占围栏面积4~5平方米。

⑥驱虫　体外寄生虫可使牛采食量减少，抑制增重和育肥期延长。体内寄生虫会吸收肠道食糜中的营养物质，影响育肥牛的生长和育肥效果。一般可选用阿维菌素，一次用药同时驱杀体内外多种寄生虫。肉牛育肥前或架子牛入场的第5~6天进行，驱虫3日后，每头牛口服“健胃散”350~400克健胃。驱

虫可每隔 2 ~3 个月进行一次。如秋天购牛，注意牛皮蝇的防治。

⑦其他　根据当地疫病流行情况，育肥前进行疫苗注射；阉割去势；勤观察肉牛的采食、反刍、粪尿、精神等状态。

（4）科学管理

坚持“五定、五看、五净”的原则。

①五定　定时，每天上午 7 ~9 时，下午 5 ~7 时各喂 1 次，间隔 8 小时，上午、中午、下午定时饮水 3 次。定量，每天的喂量，特别是精料量按饲养制度执行。定人，每头牛的饲喂等日常管理要固定专人。定刷拭，每天上午、下午定时给牛体刷拭一次，以促进血液循环，增进食欲。定期称重。

②五看　指看采食、看饮水、看粪尿、看反刍、看精神状态是否正常。

③五净　即草料净、饲槽净、饮水净、牛体净、圈舍净。

（5）及时出栏或屠宰

肉牛体重达到一定重量后，一般 500 千克以上，虽然采食量增加，但增重速度明显减慢，继续饲养不会增加收益，要及时出栏。

13. 如何进行成年淘汰牛短期育肥？

成年淘汰牛主要是丧失劳动和繁殖能力的牛，我国每年要淘汰 300 余万头，是当前市场中牛肉和牛肉食品的重要来源。

（1）育肥前的准备

①健康检查　将牙齿不好，或患有慢性消化道疾病的个体剔除，以免浪费饲料。

②驱虫　主要驱除消化道的寄生虫。

③去势　公牛育肥前半个月去势。

④准备牛舍。

⑤称重　育肥期的开始和结束时对每头牛称重登记，以便计算饲料消耗，了解育肥效果等。

（2）育肥方法

对成年淘汰牛多采取舍饲补料育肥，时间一般为 3～4 个月。根据不同季节及各地草料资源等情况，可采取以下几种育肥方法。

①酒糟育肥　第一阶段，日粮以干草为主，添加少量酒糟，以逐渐适应采食，时间约 15 天。第二阶段，逐渐增加酒糟喂量，减少干草喂量，时间约 15 天。第三阶段，大量投喂酒糟，少量干草，每天每头酒糟最大给量为 35～40 千克，同时，各阶段每天每头配喂混合精料 2～3 千克、食盐 50 克、适量的青饲料。酒糟须优质、新鲜，若牛体出现红疹、关节红肿等，应暂停饲喂酒糟，改喂干草、青料等，调整消化。

②青贮料育肥　带穗玉米、种植牧草等青贮料是理想的育肥肉牛饲料。育肥期的饲喂原则，大致与酒糟相同。青贮料的最大给量为每天每头 25～30 千克，食盐为 80～100 克。

③氨化秸秆育肥　各地可应用氨化稻草秸、玉米秸、麦秸等喂肉牛。氨化料喂前应从密封贮藏处取出放氨 1～3 天，铡短成 3～4 厘米长饲喂。一般每天每头牛供饲氨化秸秆 10 千克以上，混合精料 2～3 千克，食盐 60～80 克，并适当搭喂青草、菜叶等青饲料。每天喂 3 次，喂后 1 小时才能饮水。个别牛开始不习惯采食，最初少量供给，并在其中多加一些精料，经过一段时间适应后增至常量饲喂。

④甜菜渣育肥　用制糖副产物甜菜渣为主的饲料，鲜渣或

干渣均可利用，但干渣喂前须充分浸泡，消除杂质。每天每头最大给量40千克，食盐50克，补饲混合精料2~3千克，适量的青饲料和干草。

四、牛病综合防治

14. 规模化奶牛场如何进行防疫和消毒?

（1）防疫设施和环境条件

①新建奶牛养殖场应选择在地势平坦、向阳背风、排水良好，具有清洁、无污染的充足水源，地下水位在2米以下，且未发生过任何传染病的地方。周围应设绿化隔离带。建筑牛舍时，地面、墙壁应选用便于清洗消毒的材料，以利于彻底消毒，并应具备良好的粪尿排出系统。奶牛养殖场内，净道与污道应分开，避免交叉，排污应遵循减量化、无害化和资源化的原则。牛场应与其他畜牧场、居民区及交通要道距离1 000米以上。

②奶牛场进出口大门必须设车辆消毒池，主大门的侧门应设行人消毒池，有条件的应设人员消毒室和喷雾消毒设施。消毒室中安装紫外线灯，设洗手盆。

③常年保持牛舍及其周围环境的清洁卫生、整齐，创造出园林式的生态环境。运动场无石头，硬块及积水，每天要清扫牛舍、牛圈、牛床、牛槽；牛粪便应及时清除出场，并进行堆积发酵处理。禁止在牛舍及其周围堆放垃圾和其他废弃物，病畜尸体及污水污染物应进行无害化处理，胎衣应深埋。

④夏季要做好防暑降温及消灭蚊蝇工作，每周灭蚊蝇一次。

⑤冬季要做好防寒保温工作，如架设防风墙，牛床与运动场内铺设褥草。

⑥奶牛场应设有专用的隔离圈舍和粪便处理场所，并配套相应设施。

（2）免疫接种

①执行法规　严格执行国家和省、市颁布制定的有关动物防疫法律、法规和有关规定，并结合当地实际情况，及时进行动物疫病的预防接种工作。免疫实行动物免疫标识管理制度，凡国家规定对动物疫病实行强制免疫的，对按规定免疫过的奶牛必须加挂免疫耳标，并建立免疫档案。

②炭疽免疫程序　每年 10 月份进行炭疽芽孢苗免疫注射，免疫对象为出生 1 周年的牛，次年的 3 ~4 月份为补注期。炭疽疫苗有 2 种，使用时任选一种。

无毒炭疽芽孢苗，一岁以上的牛皮下注射 1 毫升。一岁以下的牛皮下注射 0.5 毫升。

Ⅱ号炭疽芽孢苗，大小牛一律皮下注射 1 毫升。

炭疽芽孢氢氧化铝佐剂苗或浓缩芽孢苗，为上两种芽孢苗的 10 倍浓缩制品，使用时以 1 份浓缩苗加 9 份 20% 氢氧化铝胶稀释后，按无毒炭疽芽孢苗或Ⅱ号炭疽芽孢苗的用法、用量使用。以上各苗均在接种后 14 天产生免疫力，免疫期为 1 年。

③猝死症免疫程序　使用疫苗为牛羊厌氧氢氧化铝菌苗。奶牛皮下或肌内注射，每头 5 毫升。本品用时摇匀，切勿冻结。病弱奶牛不能使用。

④泰勒焦虫的免疫程序　使用牛环形泰勒焦虫疫苗，在每年的 1 ~3 月份对出生后 12 月龄以上的奶牛，进行一次免疫，每头肌内注射 1 毫升，免疫期为一年。

（3）疫病检疫

①结核病检疫　对在群奶牛，每年春秋各进行一次结核病

检疫，检疫采用结核菌素皮内变态试验。对检出的阳性牛只，应在3天内扑杀。凡判定为疑似反应的牛只，于第一次检疫后30天进行复检，其结果仍为可疑反应时，经30～40天后复检，如仍为疑似反应者，应判为阳性，并一律淘汰。

②布氏杆菌病检疫　每年应对奶牛进行两次布氏杆菌病检疫。方法是先用虎红平板凝集试验初筛，本试验阳性者进行试管凝集试验，试管凝集试验阳性者判为阳性，试管凝集试验出现可疑反应者，经3～4个月后复检，如仍为可疑反应者，应判为阳性。凡阳性反应牛只一律淘汰。

③其他监测　除对以上两病监测外，每年还应根据《中华人民共和国动物防疫法》及其配套法规要求，结合当地实际情况，制定其他疫病监测方案。另外对泌乳奶牛在干乳前15天，应用乳房炎诊断液（BMT、SMT）进行隐性乳房炎监测，在干乳时用有效的抗菌制剂，如干乳康及时进行防治。

④引进奶牛　由国内异地引进奶牛，要按规定对结核病、布氏杆菌病、传染性鼻气管炎、白血病等进行检疫。从国外引进的奶牛除按进口检疫程序检疫外，每次对白血病、传染性鼻气管炎、黏膜病、副结核病、蓝舌病复查一次。

⑤跨省调入奶牛　调运前须到调入地动物防疫监督机构办理审批手续。不准到疫区购买牛只和饲料，新引进的牛只，必须持有输出地县级以上动物防疫监督机构出具的有效检疫证明，到达调入地后，须在当地动物防疫监督机构监督下，进行隔离观察饲养14天，确定健康后方可混群饲养。

（4）卫生消毒

①环境消毒　牛舍周围环境及运动场每周用2%氢氧化钠或生石灰消毒一次，场周围、场内污水池、下水道等每月用漂白

粉消毒一次。在大门口和牛舍入口设消毒池，使用2%氢氧化钠溶液消毒，原则上每天更换一次。

②人员消毒　在紧急防疫期间，应禁止外来人员进入生产区参观，其他时间须进入生产区时必须经过严格消毒，并严格遵守牛场卫生防疫制度。饲养人员应定期体检，如患人畜共患病时，不得进入生产区，应及时在场外就医治疗。喷雾消毒和洗手用0.2%～0.3%过氧乙酸药液或其他有效药药液，每天更换一次。

③用具消毒　定期对饲喂用具、料槽、饲料床等进行消毒，用0.1%新洁尔灭或0.2%～0.5%过氧乙酸，日常用具，如兽医用具、助产用具、配种用具、挤奶设备和奶罐等在使用前后均应进行彻底清洗和消毒。

④带牛环境消毒　定期用0.1%新洁尔灭、0.3%过氧乙酸、二氧化氯等进行带牛环境消毒，消毒时应避免消毒剂污染到牛奶。

⑤牛体消毒　挤奶、助产、配种、注射及其他任何对奶牛接触操作前，应先将有关部位进行消毒。

⑥生产区设施清洁与消毒　每年春秋两季用0.1%～0.3%过氧乙酸或1.5%～2%烧碱对牛舍、牛圈进行一次全面大消毒，牛床和采食槽每月消毒1～2次。

⑦牛粪便处理　牛粪采取堆积发酵处理，牛粪便堆积处，每周用2%～4%火碱（氢氧化钠）消毒一次。

⑧饲料存放处　要定期进行清扫、洗刷和药物消毒。

（5）疫病的控制和扑灭

牛群发生疫情时，应严格按《中华人民共和国动物防疫法》的规定及时采取有效措施，按照早、快、严、小的灭疫原则迅速控制和扑灭动物疫病，严防疫情蔓延传播。

15. 牛病的基本检查方法有哪些?

（1）问诊

通过询问方式，向饲养员了解疾病发生发展的经过、症状以及治疗情况。问诊常包括以下内容。

①生活史　包括建场年限、牛群发展史、牛群大小、病牛来源和引入时间、病牛品种、血缘，以及犊牛的哺乳与出生后各阶段的饲养管理和生长发育情况；成年牛的配种、妊娠、分娩、胎次、产乳量、饲养管理和环境卫生等。

②既往史　包括过去发病治愈等防治情况，以及本地区疫源和疫情等。

③现症史　包括现症何时发生，群发还是散发，发病的最初症状，以后的变化经过，治疗过没有，用过什么药，效果如何，以及饲养员对病牛现症的意见。

（2）视诊

用肉眼观察病牛的各种生理现象及其所呈现的各种异常变化，必要时可借助器械进行视诊。视诊按先远后近，即前、左、后、右、前顺序边走边看；先作大体视诊，再作局部视诊；先静态观察步态，后动态观察，即先观察病牛在自然状态下的全貌，后观察其行走、跑步等运动情况。

（3）触诊

用手或器械抚摸或触压被检查的部位，以确定病变的位置、硬度、大小、温度、压痛、移动性和表面状态等。直接触诊可用于体表的温度、湿度、肌肉紧张性、心搏动和脉搏，以及腹部器官的检查。此外，用器械对创伤、瘘管、食道、尿道等进行探诊检查属间接触诊。

（4）叩诊

叩诊是根据叩打动物体表所产生的音响，推断深部被叩组织器官有无病理变化的方法，多用于胸腹部检查，间或用于额窦检查。叩诊方法有手指叩诊法和锤板叩诊法两种。前者适用于新生不久的幼犊牛；后者适用于个体稍大的犊牛和成年牛。叩诊时注意，叩诊板务必密贴体表，用同等力量垂直作短而急的叩打，每次叩打2～3下。检查者的眼、耳应与叩诊板基本保持同一高度，便于发现叩诊音的改变和改变部位，并与对侧相应部位作比较。

（5）听诊

通过听取牛体发出的音响推断内部器官的病理改变，常用于心、肺及胃肠的检查。听诊可分为直接听诊和间接听诊。前者常用于咳嗽、气喘、磨牙等的检查；后者应用较多，特别是心、肺及胃肠音响的检查。间接听诊常与叩诊结合应用，以判定被检器官是否膨大而移位，及其与其他器官的界限。

（6）嗅诊

借助嗅觉对动物分泌物、排泄物和呼出气体及皮肤气味的辨别。如尿毒症时，皮肤或汗液带有尿味；临床酮病时，呼出气、汗液或排出尿液有芳香甜气味等。

16．如何做好整体及各系统一般检查？

（1）整体检查

健康牛精神振作，两眼有神，耳尾灵活，全身各部匀称，被毛平滑有光泽，四肢动作轻健有力，姿势自然。患病时多数表现精神沉郁、反应迟钝，但有的表现兴奋不安、乱冲乱撞等。病程长者，则骨骼显露，肋骨可数，被毛粗乱，缺乏光泽。在一些疾病过程中，还可呈现各种病理姿势。

（2）皮肤检查

正常牛的鼻镜有冷感、珍珠汗，角根温热。检查时注意皮肤温度、湿度，皮肤弹性、肿胀、发疹及皮肤完整性是否受损等。

（3）眼结膜检查

正常眼结膜呈淡粉红色，角膜表面光滑透明，有小的血管枝分布，有棕黑色虹膜透出。检查时应注意其色泽和分泌物的变化及有无肿胀、病理损害，如角膜翳、坏死、溃疡等。

（4）体表淋巴结检查

常检查的淋巴结有下颌淋巴结、肩前淋巴结、股前淋巴结、乳房上淋巴结等。主要用触诊检查其大小、硬度、温度、敏感性及活动性等。

（5）饮食欲检查

食欲反映奶牛的全身及消化道健康情况。判定食欲须了解病牛一贯的食欲，并同饲养管理和疾病等相联系。食欲减退见于口腔疾病或引起胃肠机能障碍的其他疾病。食欲废绝见于严重的全身扰乱和严重的口腔及其他疼痛疾病。食欲反常（异嗜）主要见于代谢疾病，尤其是矿物质缺乏（骨软病）或慢性消化扰乱。

饮欲反映奶牛全身需水量的程度。大量泌乳而饲喂多汁饲料不足，则饮水增加，否则将降低产乳量。饮欲减退见于伴有昏迷的脑病及某些胃肠病；饮欲增加则见于严重腹泻、高热、大失血等。

（6）反刍检查

主要检查采食后反刍出现的时间、昼夜反刍次数、每次反刍持续时间与反刍力量及每个食团的咀嚼情况。健康牛在饲喂后20~90分钟，平均40分钟出现反刍；一昼夜反刍4~8次；

一次反刍持续时间 40 ~ 50 分钟；一个食团咀嚼 40 ~ 60 次。否则，为病理现象。

（7）嗳气检查

嗳气是生理现象，健康牛每小时嗳气 20 ~ 40 次。嗳气减少是瘤胃运动机能障碍或前胃内容物干涸的结果；嗳气增加是瘤胃内发酵过程旺盛或瘤胃运动机能增强的结果。嗳气停止与食欲废绝、反刍消失常相一致，若伴有嗳气停止而发生瘤胃积气，应怀疑食道阻塞。

（8）腹部检查

①腹围检查　一般老龄者大，幼龄者小。在病理情况下，腹围增大可见胃肠臌气或积食，及变位、子宫蓄脓、膀胱破裂、赘生物等；腹围缩小可见于长期饥饿、不食、腹泻和慢性消耗性疾病等。

②胃检查　包括瘤胃、网胃、瓣胃及真胃的检查。瘤胃检查，主要用视诊、触诊法、叩诊、听诊及瘤胃穿刺等方法对瘤胃内容物的数量和性状、瘤胃蠕动状况及其瘤胃液的 pH 值、纤毛虫活力等进行检查。网胃检查，主要用触诊法检查网胃有无敏感或疼痛反应；当表现疼痛、抗拒、呻吟，并企图卧下反应时，则有发生创伤性网胃炎的可能。瓣胃检查，主要用听诊，但利用叩诊判定瓣胃浊音区及疼痛性也有意义，需要时可用穿刺检查判断有无瓣胃阻塞。真胃检查，用触诊检查真胃敏感性，用听叩诊结合检查其位置及其大小是否发生改变。当发生真胃炎时，间接压迫瘤胃可引起病牛真胃疼痛。当真胃阻塞时，听诊与叩诊结合的方法能听到一种清锐音；真胃扭转时，则直肠检查也容易摸到；当真胃左方变位时，听叩诊结合在左侧第 11 肋弓中部可听到钢管音，如在该区穿刺，抽取液呈棕色带酸臭，

并含粉末状饲料碎屑，pH 值 1～4，不含纤毛虫，则判定真胃左方变位。

③肠管检查 肠管听诊无多大价值，临诊上以直肠检查为主。直肠检查除对妊娠及生殖器官疾病有诊断意义外，对真胃扭转、肠变位亦有较高的诊断价值。

④排粪和粪便观察 主要观察奶牛排粪姿势，如站立、两后腿分开、弓背、举尾、努责等；排粪次数，一昼夜 12～18 次；粪量，一昼夜 15～45 千克；粪便硬度及颜色，表面常有适度的薄层发亮黏液；气味，无特殊臭味等，最重要的是要仔细观察粪便内有无异常混合物。

（9）呼吸运动检查

健康奶牛的呼吸为胸腹式或称混合式呼吸，有节律性，每分钟呼吸数 10～30 次。在病理情况下，呼吸数、呼吸式、呼吸节律等常发生改变，严重时出现呼吸困难。

（10）上呼吸道检查

包括对呼出气、鼻液、咳嗽、喉及气管的检查。

①呼出气检查 主要检查呼出气流的温度、强度及其气味等。检查时需以两鼻孔气体对照比较。

②鼻液检查 在正常情况下，因鼻液量少而被牛舔食，因而常不易被发现。在病理情况下，注意检查鼻液的量、性质及其混合物等。

③咳嗽检查 是喉、气管和支气管黏膜，甚至肺组织和胸膜受到炎症及其他异物刺激的结果。检查时可用人工诱咳法检查其咳嗽的频率、性质及强度，用厚毛巾捂进两鼻孔 30～60 秒再突然松开。

④喉、气管检查 检查喉、气管有无肿胀，变形，头部姿

势有无改变，喉及气管有无异常呼吸音。

(11) 肺部检查

主要通过胸部触诊、叩诊和听诊检查来判定肺组织病变部位、性质及程度。

①胸部触诊　判断胸壁敏感（外伤或胸膜炎）和胸前皮下水肿（创伤性心包炎）程度及肋骨状态（佝偻病）。

②胸部叩诊　正常肺脏叩诊通常呈清音，仅犊牛可呈鼓音。叩诊能明确判定病理情况下的损害范围及性质。叩诊呈浊音，则为较大的炎症病灶或肺炎肝变区；半浊音，为轻度浸润或水肿；水平浊音为胸腔积液；鼓音为肺泡充气，同时肺泡弹性降低，有时也见于肺炎的充血期和肺有空洞时的变化。

③肺部听诊　肺部听诊是检查肺脏病变的重要方法之一。健康牛肺泡呼吸音，音性柔和，类似“夫夫”声，以叩诊区中央为明显；后方较弱，而前下方几乎被气管呼吸音传导所掩盖；支气管呼吸音，音性较粗，类似“赫赫”声，肺的前下方最明显。注意检查肺泡呼吸音的强弱、性质等。在病理情况下，呼吸音常发生改变，如增强、减弱、出现啰音、捻发音、摩擦音等。

五、牛常见细菌性疾病及防治

17. 如何防治布氏杆菌病?

(1) 病原

牛布氏杆菌病的病原是牛流产布氏杆菌，牛布氏杆菌共分为9个生物型。布氏杆菌革兰氏染色为阴性，镜检为两端钝圆、细小的球杆菌，长0.5~0.2微米，无鞭毛，不运动，不形成芽孢，一般不产生荚膜，抗酸染色该菌呈红色。该菌最适生长温度为37.5℃，最适pH值为6.6～7.0，在二氧化碳浓度5%～10%环境中能较好生长，可在普通培养基上生长，加入少许血清更好。

（2）临床症状

布氏杆菌病潜伏期长短不一。牛感染后多为隐性感染，不表现临床症状。妊娠母牛表现为流产，流产多发生于妊娠后6～8个月，流产胎儿可能是死胎、弱犊；母牛流产前多不表现明显的临床症状，有的流产前2～3日会出现阴唇和阴道黏膜潮红肿胀，从阴道流出淡红色透明恶臭的分泌物，流产后常伴发胎衣不下、子宫内膜炎，从阴道内流出红褐色污秽恶臭的分泌物，可持续2～3周。流产后经治愈可发情受孕，也可能出现屡配不孕或不育。

乳房炎也是牛布氏杆菌病的常见临床表现，初期表现产奶量下降，乳汁品质差，可能出现乳房局部增温、肿胀、疼痛和变硬。

有时因腕关节、跗关节及膝关节的炎症，出现关节肿痛、跛行。公牛发生睾丸及附睾炎症，睾丸肿大，触之疼痛。

（3）诊断

临床上，在排除母牛发生机械性流产的基础上，如妊娠母牛流产并出现产后胎衣滞留、不孕及公牛发生睾丸肿大时，应怀疑是本病，但不能据此作出最后诊断，还应与毛滴虫和胎儿弯杆菌引起的传染性流产进行鉴别诊断。毛滴虫流产多发于怀孕后的1～3个月，弯杆菌性流产多发于5～6个月，而本病引起的流产多发于6～8个月。可利用胎儿的真胃胃液、肺、肝、脾及病牛乳汁、关节液作为病料进行细菌的分离鉴定，或采用凝集试验检测乳汁、血清中的抗体，最终达到确诊的目的。

(4) 治疗与防治

加强饲养管理和严格防疫制度是防治本病的主要措施。对未发病地区或未发病牛场，则应避免从疫区或发病牛群中引种；对疫区和发病牛群，应定期进行检疫，隔离阳性感染牛，用消毒奶喂犊牛，在犊牛6月龄时应用布氏杆菌19号疫苗接种，对失去饲养价值的阳性牛应及时淘汰；定期对牛场的环境、饲槽、用具进行严格消毒，尤其是对流产和分娩胎儿、羊水、胎膜等要进行妥善处理。

本病的治疗药物主要选用土霉素、四环素、链霉素。可采取以下方法。

①长效土霉素2 000毫克，稀释后分点皮下注射，结合使用硫酸链霉素，用量为20毫克/千克体重，一次静脉注射。

②四环素2～3克，一次内服，每日4次，或链霉素1克，一次肌内注射，连用3周。

18. 如何防治牛结核杆菌病?

(1) 病原

本病病原是人型结核分枝杆菌、牛分枝杆菌，其中以牛型对牛的致病力最强。人型结核分枝杆菌、牛分枝杆菌是革兰氏阳性菌，被染成蓝色，但临床上通常采用萋—尼尔氏抗酸染色，在玻片上分枝杆菌被染成红色或淡红色，呈杆状、丝状、短杆状，微弯，单个或呈链状排列，或呈“V”字形、“Y”字形排列。牛型的最适温度是37℃，在pH值5.8～6.9环境中生长最好，厌氧环境有助于该菌的生长。

(2) 临床症状

①肺结核　是奶牛最常发生的一种。病初，偶尔听到短促

干咳，随后咳嗽由少增多，有疼痛表现，咳嗽频繁；流黏性、脓性、灰黄色的鼻液。呼出的气带腐臭味，呼吸逐渐急促，深而快，呼吸极度困难时见伸颈仰头，呼吸声似“拉风箱”。患牛消瘦、贫血，后期可见体温升高至40℃，呈弛张热或稽留热。

②肠结核　表现为前胃弛缓和瘤胃膨胀，腹泻，粪呈稀粥样，内混有黏液或脓性分泌物。

③乳房结核　乳腺实质出现大小不等、多少不一的结节，质地坚硬，无热无痛，患区泌乳减少，乳汁稀薄，色呈灰白色，乳房淋巴结肿大。

（3）诊断

结核病的现场诊断和检疫常采用结核菌素接种试验，该法分为皮内接种法和点眼法。点眼法由于操作和结果的真实性对环境条件的要求比皮内接种法苛刻，常不被采用。结核菌素试验目前还存在判定标准不统一、随意性大和容易出现假阴性结果的缺点。

（4）防治

主要通过预防措施来控制本病，一旦确诊，实际上已无治疗价值而应予淘汰。结核病的预防主要做好以下工作。

①坚持定期消毒，减少病原菌的污染。应坚持每年春秋对全场各进行大消毒一次，牛棚、牛栏用石灰液粉刷；食槽、用具以2%火碱（氢氧化钠）或20%漂白粉处理；病菌污染的牛棚、用具应用20%漂白粉、5%硫酸、5%来苏儿交替消毒，粪便集中堆积。若经结核病检疫，结核阳性牛只较多，尤其有临床症状病牛存在时，应增加牛场、牛舍及设施、工具等相关环境的消毒次数。

②坚持定期检疫，培育无结核病污染的牛群。结核病检疫

后，对结核病阳性牛只，应在第 1 次检疫后 30 ~ 45 日进行第 2 次检疫，连续两次检疫都是阳性者可确认为结核病牛，而连续 3 次检疫为阴性者可认为是健康牛。对于结核病检疫阳性并出现临床症状的牛只予以屠宰，而无症状阳性牛应从牛群中挑出，实施隔离集中饲养或淘汰；乳汁经巴氏消毒后才使用。新购入牛只，需进行结核检疫，阴性者才能入场。奶牛场内每年必须进行两次结核检疫，分别于春秋两季进行，可疑牛只应复检。犊牛出生可喂初乳 3 ~ 5 日后即与母牛分开，饲喂犊牛的乳汁用巴氏消毒处理，用具严格消毒；犊牛出生后 20 ~ 30 日作第一次结核检疫，第二次于出生后 100 ~ 120 日，第三次于 160 ~ 180 日进行，3 次检疫为阴性者可进入健康牛群。

19. 如何防治牛巴氏杆菌病?

牛巴氏杆菌病又名出血性败血症，是由多杀性巴氏杆菌或溶血性巴氏杆菌引起的一种急性传染病，特征是纤维素性胸膜肺炎，各个组织脏器以及黏膜和浆膜的出血性炎症。

（1）病原

多杀性巴氏杆菌在患牛的血液和组织中是一种细小、两端钝圆、近似卵圆形的球杆菌，有两极着色的特性。革兰染色阴性呈红色或淡红色，无鞭毛，不形成芽孢。本菌需氧或兼性厌氧，可在普通培养基上贫瘠生长，若接种于含血液或血清的培养基上则生长良好，在血液琼脂平板上，菌落平坦，呈水滴样、不溶血，血清平板上菌落呈灰白色露滴状。

（2）症状

牛感染多杀性巴氏杆菌后潜伏期 2 ~ 5 日。根据病程的长短和临床症状，通常表现为下列情况。

①急性败血型　病程短促，发病突然。病牛体温升高达41～42℃，皮温不均，精神沉郁，被毛蓬乱，食欲、反刍、泌乳减少甚至停止，流泪、流涎、磨牙，肌肉震颤；有时在咽、颈和肉垂等处出现炎症水肿，肿胀部皮肤紧张，发热疼痛，伴发舌及周围组织的高度肿胀；呼吸高度困难，呼吸音粗历，鼻孔有时出现血样泡沫，常发生窒息。有的发生腹泻，粪便中混有黏液、血液，一般于24小时内死亡。

②肺炎型　肺炎型是最常见的一种类型，主要呈现纤维素性胸膜肺炎的症状。病牛体温升高可达40～42℃，呼吸困难，有疼痛性干咳或湿咳，呼吸的次数和深度增加，呼吸带痛，严重时表现头颈前伸，张口吐舌，呈喷气状，常出现窒息或虚脱。鼻孔流无色或红色浆液性泡沫样鼻液、脓性鼻液。在肺区前部腹侧听诊常可听到较强的支气管呼吸音和干啰音或湿啰音，肺泡呼吸音消失。

（3）诊断

本病可根据牛的引进或在某种环境因素突变时发生，结合临床症状、尸体剖检的眼观病变作出初步诊断，急性病例应注意与炭疽病相区别。确诊需进行实验室细菌的分离鉴定，活体以气管分泌物为病料，病死的则取水肿液、心血、肝、脾和病变淋巴结为病料。

（4）防治

①预防措施　本病的预防首先是搞好牛舍的清洁卫生，严格执行定期消毒的措施和制度，加强饲养管理，避免牛群受寒、受热、潮湿、拥挤和突然更换饲料的不良影响，最重要的是保证牛舍有良好的通风换气条件。当发生本病时，立即隔离病牛和可疑病牛，并进行治疗；对同群牛进行仔细观察，每日逐头

检查体温1～2次并作好记录，直至最后一头病牛检出后5～7日为止；牛舍及相关器械用具用5%漂白粉、10%石灰液、百毒杀等消毒剂全面消毒，妥善处理尸体和粪便等废弃物。对常发地区和牛场，应定期免疫接种，疫苗的抗原组成应与地区流行的病原血清型相一致。

②治疗措施　目前用于治疗本病的抗菌药物有氨苄青霉素、红霉素、磺胺嘧啶钠、磺胺二甲基嘧啶、庆大霉素、硫酸链霉素、四环素、头孢噻呋等，在治疗过程中，应根据疗效及时更换药物，同时保证足够的剂量和疗程。

20. 如何防治犊牛大肠杆菌病?

犊牛大肠杆菌病是由致病性大肠杆菌所引起的新生幼犊的急性传染病，特征表现为腹泻，又称犊牛白痢和败血症，严重者因衰竭、脱水和酸中毒而死亡。

（1）病原

病原是某些血清型的致病性大肠杆菌，该菌革兰氏染色为红色，杆状，有鞭毛，能运动，不形成芽孢，为需氧兼性厌氧细菌，可在普通培养基上生长，常用麦康凯、SS琼脂进行分离培养。大肠杆菌广泛地分布于自然界，存在于被动物粪便污染的地面、水源、草料和其他物品中，动物出生后很短时间内本菌即可随乳汁或其他食物进入胃肠道成为常在菌。

（2）症状

临诊上表现以下两种类型。

①败血型　潜伏期很短，仅数小时。病初体温升高达40℃，精神委顿，食欲减少或废绝；随后发生腹泻，粪便开始呈淡黄色粥样恶臭，继而呈灰白色水样，混有凝乳块、血丝和气泡，

后躯常为粪便污染，病畜常有腹痛表现，用腿踢腹。常继发脐炎、关节炎或肺炎。

②肠型　体温很少有变化，主要表现为腹泻脱水，最后因自体中毒虚脱而死。

（3）防治

①预防措施　加强妊娠母牛、哺乳牛的饲养管理，初生幼犊应尽快喂给足够的、高质量的初乳，尤其不能喂给患乳房炎病牛的乳汁；认真做好牛舍、用具的清洁卫生消毒工作，及时清除牛舍粪便，犊牛吃乳前用0.1%的高锰酸钾温水消毒乳头、乳房，避免粪便等污物对乳头、乳房的污染；一旦发生本病，应尽早隔离患病犊牛和可疑感染牛，并妥善进行治疗。

②治疗措施　该病的治疗主要是抗菌、补液和保护胃肠黏膜，促进毒素排出。

抗菌药物可选用庆大霉素、丁胺卡那霉素、硫酸新霉素、磺胺脒、磺胺二甲氧嘧啶、多黏菌素E。庆大霉素内服一次量5.0~7.5毫克/千克体重，或肌内注射一次量2.2毫克/千克体重，每日2~3次，连续3日。

补液以防脱水，静脉注射5%葡萄糖生理盐水1 000~2 000毫升，5%碳酸氢钠溶液100~200毫升，一日1次，连续3日。

六、牛常见病毒性疾病的防治

21. 如何防治口蹄疫?

口蹄疫是口蹄疫病毒引起的主要侵害偶蹄动物的急性热性高度接触性传染病，本病的临床特征为口腔黏膜、鼻镜、蹄部、乳头和乳房的皮肤上形成水泡和溃烂，犊牛心肌麻痹，俗称口疮、口疮热、蹄癀。

（1）病原

口蹄疫病毒属于小核糖核酸病毒科口蹄疫病毒属，是一种RNA病毒，无囊膜。口蹄疫病毒目前共有7种不同的血清型，引起发病的主要是A、O、C三型，其中尤以O型最为常见。每一种血清型内还包括多种亚型，目前发现的至少有65种亚型，不同血清型的口蹄疫病毒之间不存在交叉免疫性，同一血清型内不同亚型之间存在部分交叉免疫性。

（2）临床表现

病初体温升高至40～41℃，口温也增高，精神沉郁，产奶量下降，大量流涎且呈线状，常挂满嘴边，开口发出吸吮声，采食和咀嚼困难。在鼻镜、唇内、舌面、齿龈、颊部黏膜上出现蚕豆大至核桃大的白色水泡，水泡融合成片进而破裂，留下粗糙的、有出血的颗粒状糜烂面，边缘不齐附有坏死上皮。如无继发感染，病灶较快恢复，长出新的上皮；若出现继发感染，病灶的糜烂加深而出现溃疡。

口腔出现水泡的同时或稍后，病牛蹄冠部、蹄趾间的柔软皮肤表现红、肿、痛，迅速出现水泡，随后破溃、糜烂，干燥结痂，逐渐愈合。因常发生细菌继发感染，所以患部常化脓坏死，甚至出现蹄壳脱落。病牛跛行，不愿站立行走，有时卧地不起。

（3）诊断

根据口和蹄部出现的水泡和烂斑，结合流行病学情况不难作出初步诊断。确诊需进行病毒的分离鉴定和血清学检查，主要采取病牛的水泡皮和水泡液作为病料。口蹄疫病毒分离的关键是确定病毒的血清型，补体结合试验、病毒中和试验、琼脂扩散试验等方法是本病常用的检测方法，目前已建立了酶联免疫吸附试验（ELISA）、反转录聚合酶链反应（PCR 扩增技术）等诊断方法。病毒血清型及血清亚型的确定将指导免疫疫苗的选择，提高免疫保护率。

引起奶牛口腔、乳头出现水泡的疾病很多，在诊断时应注意与水泡性口炎、牛痘、牛溃疡性乳头炎、牛传染性溃疡性口炎、牛病毒性腹泻－黏膜病进行区别。

（4）防治

口蹄疫的防治难点在于口蹄疫病毒可感染多种动物，传染性极强，不同地区发生的口蹄疫其病原特性有较大差异；口蹄疫病毒有多种血清型和血清亚型，各血清型缺乏交叉免疫，在流行过程中，病毒的抗原特性极易变异。在口蹄疫的防治过程中，政府在投入大量的人力、物力、财力的同时，必须发动群众，才能把疫情及其损失控制在较小的区域内。

合理划定疫区和疫点，在疫区内建立严格的封锁隔离措施，对疫区内的动物分类处理。患病动物及可疑感染动物在条件允许的情况下应扑杀掩埋，或及时隔离饲养治疗，加强护理，认真收集患病动物的分泌物、排泄物、水泡液并彻底消毒，以免污染环境，尤其是活动的水源，可疑患病动物和假定健康动物可进行疫苗的紧急接种；限制疫区内包括人在内的各种动物和动物产品的流动，直到疫区的最后一头病畜痊愈、死亡或屠宰后 14 日；对牛舍、运动场、各类饲养设施工具、露日堆放的饲草进行全面消毒，可以选 2% 氢氧化钠、石灰水、4% 福尔马林实施喷洒消毒或熏蒸消毒；对距疫区 10 千米以内的易感动物进行紧急接种。

对疫区内、邻近受威胁地区的所有易感动物进行系统的强制性疫苗注射，使牛具有较好的保护力。目前，口蹄疫疫苗主要有弱毒活疫苗和灭活疫苗，弱毒活疫苗有兔化弱毒疫苗和鼠化弱毒疫苗，灭活疫苗主要有氢氧化铝胶苗和油乳剂苗。为保证免疫接种的有效性，应保证疫苗的抗原组成与当地流行的口蹄疫病毒血清型和血清亚型一致。口蹄疫疫苗牛免疫保护期通常为6个月。

22. 如何防治牛流行热?

牛流行热是牛流行热病毒引起的急性热性传染病，特征为体温升高、出血性胃肠炎、气喘甚至瘫痪，俗称“三日热”“暂时热”。引起产奶量下降，病牛死亡和淘汰。

（1）病原

牛流行热病毒属于弹状病毒科，是一种RNA病毒，有囊膜，目前发现有4个血清型。该病毒存在于病牛的血液中，4℃时40日后仍保持感染力，56℃时处理20分钟可使其完全失活，在pH值3.0以下的酸性环境和pH值12以上的碱性环境中经10分钟可完全灭活。反复冻融对病毒无明显影响，该病毒对乙醚、氯仿、脱氧胆酸钠及胰蛋白酶敏感。

（2）临床症状

潜伏期2~7日，病程2~15日。初期病牛突然高热，体温高达41~42℃，持续2~3日，食欲减退进而废绝，病牛沉郁，目光无神，反应迟钝，产奶量下降，尤其是病后2~3日，产奶量达到最低。心跳、呼吸加快，随后呼吸障碍，腹部起伏明显，鼻孔开张，头颈平伸，张口吐舌，上下眼睑肿胀，舌紫色；有的磨牙，鼻和口角流出清亮口水，踢腹，站立困难，两后肢频频交替负重，粪便呈暗黑色、干燥、量少，表面常附有黏液或血丝，或排出褐色、黑褐色血汤样粪便；有的步态强拘蹒跚，肌肉震颤，重病者四肢直伸，平躺于地，眼睑闭合，呼吸微弱，或兴奋不安，全身紧张，敏感狂暴，痉挛抽搐，弓角反张。

（3）诊断

根据本病主要发生于夏季、秋初，传播迅速，只发生于牛，特别是奶牛和黄牛，病牛明显高烧，呼吸困难，跛行和卧地不起等临床表现，可作出初步诊断，但应注意与蓝舌病、牛传染性鼻气管炎进行鉴别诊断。

确诊需进行实验室的病原分离鉴定，可以急性期病牛血液为病料，通过接种乳鼠、仓鼠、细胞中和试验分离病毒，应用荧光抗体试验、阻断酶联免疫吸附试验（ELISA）检测病牛血清也可确诊。

（4）防治

该病发病迅速，传播极快，病程短，病势重剧，该病的预防主要做好下面几方面的工作。

①加强饲养管理，夏季搞好奶牛的防暑降温工作，多喂青绿多汁饲料；长期卧地不起者，要人工翻动，防止发生褥疮。

②夏季认真做好牛舍及其周围环境蚊蝇消灭工作，定期用溴氢菊酯对牛舍、运动场等处进行喷雾，及时清除粪便及其废弃物，保持牛舍卫生清洁。

③在发病期间，饲养员应注意观察饲养牛只的采食行为、产奶量、粪便的形状和量，一旦出现异常，应注意监测体温的变化。

④定期接种疫苗，我国现已研制成功牛流行热亚单位疫苗和灭活疫苗。该病的自然康复牛可保持两年的免疫力。

23. 如何防治牛病毒性腹泻？

牛病毒性腹泻是由病毒性腹泻－黏膜病毒引起的一种牛传

染病，临床特征为体温升高、口腔黏膜糜烂、腹泻、流产及胎儿发育异常。

(1) 病原

牛病毒性腹泻-黏膜病病毒为黄病毒科瘟病毒属的成员，是一种RNA病毒，有囊膜。该病毒只有1个血清型，但不同毒株存在一定的变异，在抗原特性上与猪瘟病毒存在一定的交叉反应。该病毒对乙醚、氯仿和0.1%脱氧胆酸钠敏感，56℃时只需几分钟可被灭活。

(2) 临床症状

牛病毒性腹泻-黏膜病在临床上表现为不同的临床症状，根据临床表现分为腹泻型、黏膜型、胎儿感染型。

①黏膜型　症状明显，病情严重，主要侵害犊牛和青年牛，发病突然。病牛体温升高至41～42℃，食欲废绝，反刍停止，精神沉郁，有浆液性鼻漏，病牛大量流涎，结膜炎，咳嗽；随后在鼻镜、舌、齿龈、腭、口腔等处黏膜出现充血溃疡；腹泻，粪便呈黄色水样恶臭。最后因脱水死亡，死亡率高达90%。

②腹泻型　以腹泻为主要症状，但传染迅速，症状和病变较轻，死亡率低；病牛发热，腹泻，粪便初呈水样，内含血液和黏液，粪便中常见呈片状的肠黏膜；病程长，病牛消瘦，有时因有蹄叶炎而出现跛行，产奶量降低，孕牛可发生流产。

③胎儿感染型　感染的妊娠母牛发生流产，胎儿死亡，产木乃伊胎，或胎儿发生小脑发育不全、眼睛失明等先天性缺陷。

(3) 诊断

根据病牛发热，腹泻粪便含血，口腔黏膜溃疡及消化道广泛出血和溃疡，可初步诊断。应注意与牛恶性卡他热、牛传染性鼻气管炎区别。

实验室可以粪便、肠黏膜、脾脏、淋巴结等作病毒分离材料进行病毒分离，也可采用病毒中和试验、琼脂扩散实验、免疫荧光实验来进行病毒材料的鉴定和抗体的检测，从而达到确诊的目的。

（4）防治

①预防措施　对未发病地区和牛场，在引进牛只时严格检疫，避免引入病牛，若经检疫发现病牛或感染牛只，最好将其屠杀；严格执行牛舍、牛场的定期卫生消毒制度，减少牛只感染机会。预防上，我国已生产一种弱毒冻干疫苗，可接种不同年龄和品种的牛，接种后表现安全，14 天后可产生抗体，并保持 22 个月的免疫力。

②治疗措施　该病目前无特效治疗药物。治疗的主要措施是补充葡萄糖和电解质溶液，阻止脱水和防止电解质紊乱，控制继发感染，同时加强病畜的护理，改善饲养管理，如饲喂稀软易吸收的饲料，增强抵抗力，促进恢复。采用 5% 葡萄糖生理盐水 2 000 ~ 3 000 毫升，10% 安钠加 20 毫升，10% 维生素 C 20 ~ 40 毫升，一次静脉注射，每日 1 ~ 2 次，直至痊愈康复，根据情况可配合使用退烧、消炎的药物。

七、牛繁殖障碍疾病及防治

24. 牛卵巢机能减退或不全的防治措施?

（1）病因

卵巢机能减退或不全的原因比较复杂，所有引起母畜性机能障碍的因素都会导致卵巢机能减退或不全。

（2）症状

①卵泡发育异常　母牛出现发情或发情延长，卵巢中有成熟卵泡，但不排卵，经过数日可能排卵，呈现排卵延迟。发情正常或稍弱或延长，一侧卵巢中有发育到不同阶段的发育停滞的卵泡，并逐渐缩小，称为卵泡萎缩。

②隐性发情　卵巢有卵泡发育，并能成熟排卵，但母牛无发情的外在表现，即无交配欲及性兴奋。

③卵巢静止　是指卵巢机能受到扰乱，处于静止状态。母牛不发情，卵巢大小正常，有弹性，无卵泡或黄体。

（3）诊断

①性周期紊乱，发情表现不明显，或长期不发情。

②直肠检查，触摸不到卵泡及黄体，且卵巢变小及变硬。

（4）治疗

①改善饲养管理，增强卵巢机能。主要是改善饲料质量，增加维生素、蛋白质、矿物质和微量元素的含量，喂给优质饲草，适当增加放牧和日照时间，规定足够的运动。

②治疗原发病，对由于生殖器官或其他方面的疾病所引起的卵巢机能障碍，应及时采取适当措施，积极治疗原发病。

③激素疗法　有四种方法。

促卵泡激素（FSH）。每次100～200单位，肌内注射，至出现发情为止。出现发情后，再肌内注射黄体生成素（LH），效果更好。

孕马血清促性腺激素（PMSG）。颈部皮下注射2 000～3 000单位。

绒毛膜促性腺激素（HCG）。肌内注射，2 500～5 000单位，一般注射一次，若有必要时，1～2日后，可再重复一次。

雌激素。常用己烯雌酚，肌内注射，25 ~ 50 毫克，或苯甲酸雌二醇 5 ~ 10 毫克。母牛大剂量或长期应用雌激素，可引起卵巢囊肿或“慕雄狂”，使用时应注意。

25. 什么是持久黄体？如何防治？

黄体超过正常时间而不消失，叫持久黄体。由于持久黄体持续分泌黄体酮，抑制卵泡发育，致使母畜久不发情，从而引起不孕。

（1）病因

①饲养管理不当　饲料单纯，缺乏维生素和矿物质，母畜舍饲而运动不足，冬季寒冷且饲料不足时，常常发生持久黄体。

②子宫疾病　患子宫内膜炎、子宫积液或积脓，产后子宫复旧不全，子宫内滞留部分胎衣，以及子宫内有死胎或肿瘤等，均会影响黄体的退缩和吸收，从而成为持久黄体。

（2）症状与诊断

母畜发情周期停止，长时间不发情。直肠检查时可触到一侧卵巢增大，持久黄体的一部分呈圆锥状或蘑菇状突出于卵巢表面，较卵巢实质稍硬。有时黄体不突出于卵巢表面，只是卵巢增大而稍硬。检查子宫无怀孕现象，但有时发现子宫疾病。

（3）治疗

前列腺素肌内注射 5 ~ 10 毫克，或按每千克重 9 毫克计算用药。向子宫内注入此剂，效果更好。氟前列烯醇或氯前列烯醇肌内注射 0.5 ~ 1 毫克。注射一次后，一般在一周内见效，如无效时可间隔 7 ~ 10 日重复用药一次。

26. 如何防治牛卵巢囊肿？

卵巢囊肿，又称为卵巢囊肿变性。卵泡囊肿和黄体囊肿是卵巢囊肿的一种特殊形式。卵泡囊肿的标准是卵泡在卵巢上持续存在至少 10 日，表现为频繁的、持续的发情“慕雄狂”。黄体囊肿是不排卵的卵泡黄体化，持续存在较长时间，无发情。

（1）病因

一般认为卵巢囊肿起因于控制卵泡成熟和排卵的神经内分泌机制发生障碍，但其发病环节尚不太清楚。

①缺乏黄体生成素（LH）排卵波　实验证明，注射富含黄体生成素（LH）的促性腺激素对卵巢囊肿有很高的特异性治疗效果。据此认为，本病可能起因于排卵前或排卵是黄体生成素（LH）的释放量不足。

②医源性原因　应用雌激素治疗奶牛生殖性疾病，干扰正常的黄体生成素释放而产生卵巢囊肿。

③饲料的影响　卵巢囊肿发病率很高的牛群，应首先考虑是否因摄取含雌激素量高的饲料所致，如红三叶、豌豆青贮料。发霉的干草和霉变的青贮料中含有霉菌毒素赤霉烯酮。

（2）症状

奶牛卵巢囊肿多见于产后 15～45 日。按性行为表现分两种类型，一是频繁或持续性发情或出现“慕雄狂”，另一种是根本不发情。

①“慕雄狂”牛表现频繁、不规则、长时间、持续的发情，神情紧张、不安和鸣叫，极少数牛性情凶猛，在任何时候都接受公牛交配，偶尔也接受其他母牛爬跨或不爬跨其他母牛。

②不发情的卵巢囊肿牛，长时间不发情，但偶尔也有少数牛出现不明显的发情，往往不易被发现。

（3）诊断

诊断卵巢囊肿一般是首先了解母畜的繁殖史，然后进行临床检查。如果发现有“慕雄狂”的病史、发情周期短或者不规则及乏情时，即可怀疑患有此病。

直肠检查时发现，卵泡壁的厚度差别很大，卵泡囊肿的壁薄稍有波动，黄体囊肿壁较厚，多数牛子宫弹性较弱，仔细触诊有时可将卵泡囊肿和黄体囊肿区分开来，由于两种囊肿均对绒毛膜促性腺激素（HCG）及促性腺激素释放激素（GnRH）疗法发生反应，一般没有必要对二者进行鉴别。

（4）治疗

①黄体生成素　具有黄体生成素生物活性的各种激素制剂已被广泛应用于治疗卵巢囊肿，例如绒毛膜促性腺激素和黄体生成素。绒毛膜促性腺激素的剂量为5 000单位静脉或肌内注射，或者10 000单位肌内注射。黄体生成素的剂量为25毫克肌内注射。母牛通常在治疗之后20～30日恢复发情周期，但有时需要注射2～3次。治疗后出现正常发情的牛可以进行配种。

②促性腺激素释放激素　目前治疗卵巢囊肿多用合成的促性腺激素释放激素，这种激素作用于垂体，引起黄体生成素释放。

③促性腺激素释放激素和前列腺素—PGF2a　经促性腺激素释放激素治疗后，囊肿通常发生黄体化，其后并与正常黄体一样发生退化。因此，同时可用前列腺素—PGF2a或其类似物进行治疗，促进黄体尽快消退。

27. 如何防治牛慢性子宫内膜炎?

慢性子宫内膜炎多数是由急性转变而来的。它是造成母牛不孕的主要原因之一。因为炎性渗出物中含有许多病原、吞噬细胞、细胞毒素、精子溶解素等物质，故能杀死精子或受精卵，导致不孕。有的虽可受胎，但由于胎盘受侵害，也会导致胚胎早期死亡或流产。

（1）病因

慢性子宫内膜炎多半在输精、分娩、助产、正常分娩后的恶露期时消毒不严，卫生条件较差等，使子宫受感染而引起。阴道炎、子宫颈炎、胎衣不下、子宫复旧不全、牛布氏杆菌等疾病，时常并发慢性子宫内膜炎。

（2）症状

慢性子宫内膜炎由于炎症性质不同，可分为以下几种临床表现类型。

①隐性子宫内膜炎　特征是子宫形态上查不出任何变化，发情周期正常，但屡配不孕。发情时从子宫排出多量浑浊、含有絮状物的黏液。

②慢性卡他性子宫内膜炎　母牛一般无全身症状，严重的病例体温稍升高，食欲及泌乳量降低。发情周期一般无异常，屡配不孕，或孕后胚胎早期死亡。尤其是发情卧下时从阴道排出较多的浑浊或透明、含有絮状物的黏液。阴道检查可见子宫颈稍张开，子宫颈阴道部肿胀和充血。直肠检查，子宫角稍粗，壁厚而软，收缩反应微弱。

③慢性卡他性脓性子宫内膜炎　母牛往往食欲减少，逐渐消瘦，体温有时略高，性周期异常。卧地时从阴道排出灰白色或黄褐色稀薄脓液，尾根及周围常附有脓性渗出物。直肠检查时可触摸到子宫角增粗，往往壁厚薄不均，软硬不一，有时子宫内有轻微波动，收缩反应微弱。

④慢性脓性子宫内膜炎　经常从阴道排出灰白色或黄褐色浓稠的脓性渗出物，常有臭味，在卧下或发情时排出更多。

(4) 治疗

治疗原则是消除炎症、防止扩散和促进子宫机能的恢复。

①冲洗子宫　本法最好在兴奋期进行。常用于冲洗子宫的液体有1%食盐水、0.1%～0.2%高锰酸钾液、0.01%～0.05%新洁尔灭液、0.01%～0.05%洗必泰液等。冲洗时可采用带回流支管的子宫导管或马导尿管在后端连接漏斗，直接从阴道将导管插入，然后缓慢使液体流入子宫。每次注入的量不得超过150毫升，总量一般为500～1 000毫升，为了排尽注入的液体，可利用带回流支管的导管，或借助虹吸的作用，经直肠轻轻按摩子宫，以促使液体排出，直到回流液透明为止。冲洗之后，子宫投入土霉素3～6克或青霉素240万单位、链霉素200万单位。

②中药疗法　可选用以下方剂治疗子宫内膜炎。

方1：香附子600克、鸡冠花180克、醋750毫升。上药研末，分3次灌服，每次加醋250毫升，1次/天，连续使用。

方2：蒲黄60克、益母草60克、黄柏60克、当归45克、黄芩45克、黄芪90克、香附子60克、郁金45克、升麻10克。煎水，分3～4次内服，2～3次/天，连用2～3剂。结合用0.1%高锰酸钾液洗阴道，1次/天则效果更佳。

方3：益母草350克、红糖200克。将益母草煎汤入红糖溶化，候温灌服。1次/天，连3～4天。

方4：野菊花200克、忍冬藤200克、桃仁200克、车前草200克。煎水1次喂服。

方5：鸡冠花180克、益母草500克。混合研末分3包，日取1包，煎水或开水冲调，候温灌服，3天用完，白带严重者可再投1剂。

方6：益母草200克、香附子250～350克、鸡血藤150克，醋250～500毫升。将上药研末，开水冲调，候温加醋灌服。隔日1剂，连用3～5剂。

28. 如何防治奶牛乳房炎？

（1）病因

病原微生物是引起乳房炎的主要原因，而环境因素及牛体的体况也与本病的发生有关。

①病原微生物　乳房炎主要通过外伤、昆虫、挤奶工的手、洗乳房的毛巾、挤奶机和肠炎（内源性）等感染。病原菌以链球菌、大肠杆菌、金黄色葡萄球菌为主，偶见真菌、病毒引起感染。

②环境因素　牛舍不清洁，不消毒，运动场内粪便不清扫，褥草不勤换，排水不良，污水积聚，运动场泥泞；病牛乳不集中，挤在牛床上后不冲洗，不消毒；机器挤奶时，乳杯不清洗，不消毒或处理不彻底；气温升高可使发病率增加。

③牛体状况　当牛体抵抗力降低时，乳中免疫球蛋白也降低，乳腺易感性增强。

（2）症状与诊断

①最急性　发病突然，发展迅速，多发生于1个区，患区乳房明显肿大，坚硬如石，皮肤发紫，龟裂，疼痛明显，健康乳区奶产量剧减，患乳区仅能挤出1～2把黄水或淡的血水。甚至出现体温升高等全身症状。

②急性　病情较最急性缓和。发病后，乳房肿大，皮肤发红，疼痛明显，质地变硬，可摸到乳房内有硬块，有躲避和踢人表现，乳汁呈灰白色，内混有大小不等的絮状物，全身症状

不明显。

③慢性　由急性转变而来，反复发生，病程长；乳产量下降，药物反应差，疗效低；前几把乳有块状物，眼观正常，但放置后可见分出乳清，或上浮糊状物；乳房有大小不等的硬结；由于反复经乳头管内注射药物，故乳头管呈索状，挤乳困难，乳区下部有硬结。

（3）治疗

①乳房内灌注抗生素　可根据当地流行病原菌选择最佳药物。临床上一般选用环丙沙星、青链霉素、氨苄青霉素、庆大霉素或阿米卡星等。

②生殖股神经封闭　在患侧第 3 ~ 4 腰椎横突间距背中线 5 ~7 厘米处剪毛，消毒，进针。以 55° ~ 60° 的角度刺向椎体，到达椎体后倒退 0.2 厘米，注射 2% ~3% 普鲁卡因溶液 15 ~ 25 毫升。

③乳房基部封闭　前区乳房发炎时，从患侧前区，乳房基部与腹壁之间进针，向对侧膝关节刺入 8 ~ 10 厘米。当后区乳房发炎时，术者位于牛的后方，在患侧乳房基部离左右乳房中线 1 ~2 厘米，如封闭左乳区时，则为乳房中线偏左 1 ~2 厘米处进针，向同侧腕关节刺入 8 ~ 10 厘米。

④会阴神经封闭　在阴门下角下面的坐骨弓凹陷处，坐骨联后后端消毒、进针，针头刺入约 1.5 ~2 厘米。

（4）预防

建立稳定、训练有素的熟练的挤奶员队伍，挤奶员技术水平与乳房炎发生有很大的关系。挤奶前，各乳区先用温水洗净，然后用热水热敷按摩，促使下乳充盈，保持牛舍、牛床清洁，并定期消毒，防止病菌感染。挤奶员两手、洗乳巾、挤奶机等必须清洁，挤奶姿势要正确，榨乳力量要均匀，并尽量挤尽乳房中的乳汁。挤完奶后，坚持乳头药浴。正确地进行干奶，干奶期注入抗菌药物，发现异常时，立即进行检查处理。发现乳房炎后，及时治疗，及时淘汰。乳房炎的预防只能采取综合措施才有效，而综合措施的实施必须长年坚持。

八、牛常见消化系统疾病及防治

29. 如何治疗食道梗阻?

（1）病因

①原发性因素　主要由块根饲料，如未切碎的萝卜、甘薯、马铃薯、苹果、玉米穗、西瓜皮、甘蓝、甜菜、芜菁等或甘薯藤引起，且多发生于牛饥饿后采食过急或采食过程中受惊吓的情况下。此外，还由于误咽毛巾、破布、塑料、胎衣等而发病。

②继发性因素　可发于食道的麻痹、扩张、痉挛、狭窄和食道炎，也发于异嗜癖和胸部肿瘤等。

（2）临床症状

①牛在采食块根饲料或甘薯藤等饲料的过程中，突然停止采食，低头伸颈、晃头缩脖，频做吞咽动作。

②大量流涎，口流白沫，常混有食物残渣。

③食道完全阻塞则迅速继发瘤胃臌气和高度呼吸困难。

（3）治疗

治疗原则是急则先治其标，缓则治其本。

①瘤胃穿刺放气　若继发瘤胃臌气，应紧急穿刺放气，随

后腹腔注射抗生素。

②排除阻塞物　方法有三种。

一是镇静解痉。可选用水合氯醛 15 ~ 20 克，水 500 ~ 1 000 毫升，直肠灌入；氯丙嗪 1 毫克/千克体重肌内注射，或用 10% 葡萄糖溶液稀释后按 0.5 毫克/千克体重静脉注射；硫酸阿托品 0.05 毫克/千克体重，或山莨菪碱（654 -2）200 ~ 250 毫克体重皮下注射。

二是润滑食道。用 40℃ 植物油或液体石蜡 300 ~ 500 毫升，1% 的普鲁卡因 20 ~ 30 毫升，胃管投入。

三是排除阻塞物。在镇静解痉和润滑食道 10 ~ 20 分钟后采用以下方法排除阻塞物。上推法（取出法），适合于中上段食道阻塞；疏导法（下送法），适用于中后段阻塞，常用的疏导方法有胃管或藤条（光滑桑条）插入食道推送法、胃管中打气结合下推法、木棒下撵法；锤破团块法；手术疗法。

30. 如何治疗前胃弛缓?

（1）病因

可分为原发性（单纯性）病因、继发性病因、感染性病因和医源性病因四种。

①原发性因素　又称原发性或单纯性前胃弛缓，主要因饲养管理不当所致。

饲养不当。所有能改变瘤胃内环境的食物性因素均可引起单纯性前胃弛缓。突然改变饲料，粗饲料不足而突然增加精料，或由某种精料改变为另一种精料。因为瘤胃中微生物不能完全适应饲料的突然改变，造成消化动力定型紊乱或因酸中毒而发病。

②应激因素　饲养管理条件的突然改变，如离群陌生；突然由放牧转为舍饲；经常调换牛房、饲养人员引起的惊恐；畜舍阴暗潮湿、过于拥挤、卫生不良；气候突变，如暴晒、骤淋冷雨、寒流；长途运输，预防注射；妊娠与分娩等应激因素均能使前胃植物性神经受抑制而引起前胃弛缓；异嗜或误咽不消化的异物，如化纤、尼龙、塑料、胎衣等。

③继发性因素　继发性前胃弛缓，许多器官系统疾病和其他各科疾病均可继发奶牛前胃弛缓。

④感染性因素　传染病和寄生虫病，牛肺疫、流行热、结核、布氏杆菌病；前后盘吸虫病、肝片吸虫病、血孢子虫病等均可继发前胃弛缓。

⑤医源性因素　医源性前胃弛缓，长期或大剂量内服磺胺类药物或抗生素类药物，破坏了瘤胃内正常微生物菌群，引起消化功能紊乱。成年奶牛一般不能口服四环素类，尤其是土霉素药物。

（2）临床症状

按病情发展过程可分为急性和慢性两种类型。

①急性前胃弛缓　多为原发病因所致。

食欲异常。食欲减退、偏食或废绝，一旦采食精料，多发生臌气或拉稀。由精料过多所致，多喜欢采食青干草而厌食精料。而由难消化粗纤维饲料所致，喜欢采食青绿饲料或优质青干草。

反刍障碍。反刍减少、缓慢无力、无连续性，甚至反刍停止。

瘤胃检查。视诊，腹围多缩小，左肷部下陷。常伴发间歇性臌气，尤其是变质饲料所致，多伴轻度或中等度瘤胃臌气。

触诊，瘤胃内容物充满，黏硬，呈生面团状，拳压留痕10余秒钟以上不恢复；或瘤胃内容物呈粥状。由变质饲料引起的，伴有轻度或中度臌气，内容物多稀软；而应激因素引起的，瘤胃内容物黏硬，不伴发臌气。

排粪及粪便变化。周期性便秘和腹泻交替发生，但由变质饲料引起的下痢明显。

检口。口腔多酸臭，舌光滑无芒刺；口津多黏稠而滑腻（腻苔），而胃寒者口津多稀薄。

②慢性前胃弛缓　多为继发因素所致。发病前期多表现原发病症状，或具有急性前胃弛缓的症状。但是，大多数病例表现为食欲不定，时好时坏，有时减退，有时正常，有吃后又发的特点。喜吃粗料，厌食精料，常有异嗜，舔食粪尿污染的垫草，舔墙壁和木栏，甚至啃泥土等。粪便干稀交替和间歇性瘤胃臌气的特点尤为显著，便秘粪表面多覆盖黏液，下痢粪呈糊状、腥臭，潜血阳性。

（3）诊断与鉴别诊断

①诊断　依据饲养管理情况和病史调查，如临床特征症状、瘤胃内容物的检验，瘤胃液的pH值、纤毛虫的数量和活性、纤维素消化试验、瘤胃液沉淀物活性试验等可作出诊断。

②鉴别诊断　感冒、奶牛酮病、瘤胃积食、创伤性网胃炎、真胃左方变位、感染与中毒、生产瘫痪等亦常常伴发前胃弛缓，注意鉴别。

（4）治疗

治疗原则是健胃消导，防腐止酵，强心补液，防自体中毒。

①急性原发性前胃弛缓　除去病因，改善饲养管理，可视其瘤胃内容物的多少决定禁食1～2日。提高前胃神经的兴奋

性，增强前胃运动机能。缓泻止酵，清理胃肠。针对前胃弛缓的致病因素，积极实施对症治疗。对原发性慢性前胃弛缓，除上述治疗方法外，配合中药治疗，疗效更佳。

②继发性前胃弛缓　应积极治疗原发病，按原发性前胃弛缓方法治疗。

31．如何防治瘤胃积食?

（1）病因

①原发性因素

一是一时或长期采食大量劣质坚硬不易消化的饲料，尤其是含粗纤维多的半干的藤蔓类植物，如红薯藤、花生秧、豆秆等，由于它们缠绕成团积滞于瘤胃，发生积食。

二是贪吃、偷吃过量适口性较好的饲料，如由适口性较差的饲料突然改变为适口性较好的饲料，如块根、青绿饲料而无节制地给予；饥饿后饲喂过多及偷吃过多的精料，形成酸中毒初期等，均可导致本病的发生。

三是精料，尤其是糠麸过细。

四是采食大量的饲料后又饮多量的冷水，饲料含多量泥沙，促发本病。

②继发性因素

一是前胃弛缓的动物食欲突然增强，容易发生瘤胃积食。

二是各种应激，中毒与感染，怀孕后期运动不足又过于肥胖、产后失调、疲劳、运输、环境不良等继发。

（2）症状

①腹痛　通常在饱食后数小时（5～6小时）发病，表现轻度腹痛，神情不安、拱背、磨牙、呻吟、回顾腹部、后肢踢腹、

间或时起时卧。

②消化障碍 食欲废绝，反刍停止，虚嚼（逆水）流涎，嗳气增多，有时作呕。

③腹部检查 分为四种诊断方法。

视诊。腹围增大，特别是左侧后腹中下部膨大明显，有下坠感。

触诊。瘤胃内容物充满，黏硬，拳压留痕；或瘤胃内容物坚硬如石；触诊敏感。后期瘤胃内容物呈粥状、恶臭，表明继发中毒性瘤胃炎。

听诊。瘤胃蠕动次数少，蠕动音弱，持续时间短。

叩诊。瘤胃中上部呈半浊音甚至浊音。

④排粪及粪便 排粪滞迟，粪便干少色暗，呈叠饼状乃至球形；有的排稀软恶臭带黏液的粪便，可见未消化的饲料颗粒，其中含有指头大小的干粪球。严重时排粪停止。应用大剂量泻剂后排出混有干粪球的粪水。

⑤全身症状明显 鼻镜干燥，口腔有酸臭味或腐败味，舌苔黏滑，心跳、呼吸加快，甚至呼吸困难，产奶量下降。严重者由于脱水、酸中毒、自体中毒而陷于虚脱状态，具体表现是皮温不整、耳鼻四肢发凉，全身颤抖；眼球下陷，黏膜发绀；运动失调，卧地不起。

（3）诊断

①诊断依据 根据过食病史；腹部检查及粪便变化；全身症状明显，尤其是皮温不整、耳鼻四肢发凉，全身颤抖；眼球下陷，黏膜发绀等虚脱状态而建立诊断。

②鉴别诊断 瘤胃臌气。病因不同，发生发展快，腹部检查不同，高度呼吸困难，有窒息危象。瓣胃阻塞。粪便干，常

呈非球形干饼层状，瓣胃穿刺检查。真胃阻塞。右侧真胃区坚实，瘤胃积液明显。黑斑病甘薯中毒。有采食黑斑病甘薯病史，严重呼吸困难，喘病、大气病，皮下气肿。

（4）治疗

治疗原则是消食化积，即促进瘤胃内容物排除；恢复前胃运动机能；防止脱水和自体中毒。采用中西医结合疗法疗效确实。

①加强护理　如食入大量易膨胀的豆谷或饼类，或瘤胃中已形成大量气体，应限制其饮水，一般的瘤胃积食饮水也应以少量多次为宜。

②泻下　促进瘤胃内容物排除。

中药疗法，使用椿皮散加承气汤和加味大承气汤。

西药泻下，硫酸镁或硫酸钠 500 ~ 800 克、菜子油 1 000 毫升、鱼石脂 15 ~20 克、75% 酒精 80 ~100 毫升，常温清水 8 ~10 升，混合内服，1 次/日。但必须配合补液。如果吃了大量易膨胀的豆类或谷物引起的积食，可用油类泻剂石蜡油或植物油 500 ~1 000 毫升（禁用蓖麻油）加常水 5 ~10 升，一次投服。

③恢复前胃运动机能　用泻剂后，皮下注射新斯的明 10 毫克，2 次/日；应用促反刍液，参见前胃弛缓。

④强心补液保肝防自体中毒　5% 葡萄糖生理盐水 1 500 ~ 2 000 毫升、20% 安钠咖注射液 10 ~20 毫升、25% 维生素 C 注射液 20 毫升，静脉注射，2 次/日。尤其注意久病者，应静注 5% 碳酸氢钠注射液 300 ~500 毫升，解除酸中毒。

⑤手术治疗　药物治疗无效，或过食半干的甘薯藤等藤蔓类植物引起瘤胃积食，如体况尚好者，需进行早期手术治疗，

但手术中取出物不应超过瘤胃内容物的2/3。

32. 如何防治瘤胃酸中毒?

（1）病因

造成该病的主要原因是突然超量采食富含糖分的饲料。

①造成瘤胃酸中毒的物质　谷物饲料，玉米、小麦、大麦、青玉米、燕麦、黑麦、高粱、稻谷及其糟粕、生面团等；块根块茎类饲料，甜菜、马铃薯、甘薯、甘蓝、萝卜等；水果类，葡萄、苹果、梨、桃；糖类及酸类化合物，淀粉、乳糖、果糖、葡萄糖、乳酸、挥发性脂肪酸。

②饲养不当，谷物精料采食过多　管理不当，牛偷食大量谷类饲料。为催乳突然急剧增加谷类饲料，粗饲料缺乏或品质不良；突然由粗饲料变为谷物精料；突然变更精料的种类或性状，如由高粱改为玉米，或由玉米改为玉米面均可致病。

③谷物类饲料致发本病的影响因素　谷物种类致发本病的顺序为玉米、小麦、大麦＞稻谷＞燕麦、高粱。谷物加工形状致发本病的顺序为原粮＜压片、碎粒＜粉料。

（2）临床症状

①最急性型　多见于偷食大量谷物精料，或突然大量饲喂谷物等富糖饲料时，尤其是粉末状谷物玉米面等，常于采食后3~5小时内突然发病死亡。精神高度沉郁，极度虚弱，侧卧而不能站立，双目失明，瞳孔散大。体温低下至36.5~38℃，重度脱水达体重的8%~12%，呼吸急促60~90次/分钟，心跳增快100次/分钟以上。腹部显著膨胀，瘤胃停滞，内容物黏硬或稀软，或水样。常于发病后短时间，3~5小时内突然死亡，死亡的直接原因概属内毒素性休克。

②急性型　精神沉郁，反应迟钝，结膜潮红，步态摇晃，肌肉震颤。消化道症状典型，食欲废绝，磨牙虚嚼不反刍，瘤胃胀满，内容物先黏硬后稀软，随病情的发展，出现瘤胃积液，冲击式触诊可见震荡音，瘤胃蠕动音微弱或消失。粪便稀软或水样，含多量未消化谷粒，带明显的酸臭味。脱水体征明显，中度脱水占体重8%～10%，眼球凹陷，皮肤干燥，弹性降低，血液黏稠，尿少色浓或无尿。后期呈现神经症状，步态蹒跚，或卧地不起，头颈侧屈似生产瘫痪，或后仰似角弓反张，昏睡乃至昏迷。此时若不及时治疗，多在24小时左右死亡。

③亚急性、慢性型　症状轻微，主要呈现消化不良体征，表现前胃弛缓症状。食欲减退，反刍减弱，瘤胃运动减弱，触诊瘤胃内容物呈捏粉样硬度生面团状，数日间腹泻，粪便呈灰黄色稀软或水样，混有黏液，带有酸臭味。结膜潮红，呼吸加快，脉搏增数80次/分钟以上。常继发或伴发蹄叶炎和瘤胃炎而使病情恶化。

（3）诊断

诊断依据有三方面。

①在病史上　见于突然超量摄取谷物等富含可溶性碳水化合物的食物后，不久突然发病。

②在体征上　瘤胃充满而内容物黏硬或稀软，前胃弛缓。脱水体征明显而腹泻轻微或不显，全身症状重剧而体温并不升高。

③在检验上　血液pH值下降、二氧化碳结合力（CO_2-CP）降低，红细胞压积容量（PCV）升高，血乳酸增高。瘤胃内容物稀软或水样，pH值下降，乳酸含量升高，革兰阳性菌乳酸杆菌、巨型球菌等为优势菌。尿少色深，pH值下降。

（4）治疗

治疗原则是彻底清除有害（毒）的瘤胃内容物；及时纠正酸中毒和脱水－补碱补液；逐步恢复胃肠机能。

①补碱补液　缓解机体全身性酸中毒和循环衰竭。生理盐水1 000毫升、20%安钠咖10～20毫升、地塞米松30毫克；林格氏液2 000～3 000毫升；5%碳酸氢钠注射液750～1 500毫升。先超速输注30分钟，以后平速输注，对严重病例具抢救性治疗功效。

②排酸　尽快排除瘤胃内的酸性物质，防止继续产酸。瘤胃冲洗。国内外推荐作为首要的急救措施，尤其适用于急性病例，疗效卓著，早期应用，立竿见影。灌服制酸药和缓冲剂。氢氧化镁或氧化镁或碳酸氢钠300～500克或碳酸盐缓冲合剂，干燥碳酸钠150克，碳酸氢钠250克，氯化钠100克，氯化钾40克，常水5～10升，一次灌服。对轻症及亚急性病例有效。瘤胃切开术。洗胃困难者，可行瘤胃切开术，但危重病例疗效不佳。

③恢复胃肠功能及对症处置　投服健康牛瘤胃液5～8升。防继发感染，用广谱抗菌药，庆大霉素200万单位、四环素250万单位。强心防心衰，用20%安钠咖注射液10～20毫升，静脉注射。增强植物性神经机能，促进糖代谢。用10%维生素B_1 20毫升，肌内注射。增强机体解毒机能，用25%维生素C 20毫升，静脉注射。脱水症状缓解仍不能站立走动，应补钙，用10%葡萄糖酸钙400～500毫升或5%氯化钙200～300毫升，静脉注射。为防止伴发瘤胃炎、蹄叶炎，消除过敏反应，用抗组胺药物，扑敏宁400～500毫克，静脉注射，或肌内注射盐酸异丙嗪或苯海拉明。防休克，用地塞米松60～100毫克，静脉或

肌内注射。

④中药　椿皮散加承气汤；四君子汤加减；平胃散加减。

（5）预防

加强饲养管理，合理供应精料。日粮构成要相对稳定，添加精料时，应避免单一尤其是玉米面等谷物精料的添加，按 2:1 的比例加入豆类可减少酸中毒的发生。精料饲喂量应根据不同生理阶段调整，奶牛日喂基础精料 3 ~4 千克，每产 1.5 ~2 千克奶加喂 0.5 千克精料，并密切注意粪便变化。精料饲喂量高的动物，日粮中加入 2% 碳酸氢钠或 0.8% 氧化镁等缓冲物质，使瘤胃内容物 pH 值大于 5.5。

33. 如何防治牛瓣胃阻塞?

（1）病因

①原发性瓣胃阻塞　致病因素一是长期饲喂米糠、麸皮、粉渣、酒糟等细碎或含泥沙的饲料，如甘薯蔓、花生秧、豆秧、萝卜、甘薯等，或饲料放在泥沙地上饲喂；此外，长期饲喂切碎的甘薯、萝卜并拌米糠或麦秧，也可致病。二是饲养粗放，长期采食干草，特别是粗纤维坚韧的藤蔓类植物。三是突然变换饲料，尤其是放牧转为舍饲、青草转为干草时，发病增多。

促发因素，包括饮水不足；运动不足；受不良因素的刺激（惊恐）。

②继发性瓣胃阻塞　常继发于前胃弛缓、皱胃阻塞、皱胃变位、腹腔脏器粘连、生产瘫痪、创伤性网胃腹膜炎、黑斑病甘薯中毒、急性热性病等。

（2）临床症状

①初期　多表现为前胃弛缓症状，瘤胃积液明显；当瓣胃

发生阻塞或黏膜发炎之后，呈亚急性腹痛，因而不愿移动或躺卧，食欲、反刍停止，有时空口咀嚼或磨牙。按前胃弛缓治疗不显效。

②鼻镜干燥结痂，甚至龟裂。

③顽固性便秘　粪便干而少，呈层状，层间带黏液，以后粪球干小，算盘珠样，表面覆黏液，后期甚至排粪停止。用大剂量的泻剂无效，有时仅排出少量夹杂干层状粪的粪水。直肠检查，肛门和直肠紧缩，空虚，肠壁干燥，或附着干涸的粪便。

④瓣胃检查　触诊敏感，局部膨大。

⑤瓣胃穿刺检查　穿刺针摆动不明显或不见摆动、阻力增大；瓣胃注射水后回抽有干粉状穿刺物漂浮于水面。

⑥全身症状逐渐明显　精神沉郁，体温升高 0.5～1.0℃，心搏亢进，呼吸加快；奶牛产奶量急剧下降。久病者脱水显著，血液浓缩，尿少色黄，皮温不整，结膜发绀，自体中毒而死亡。尸体剖检可见瓣胃小叶间夹有大量干粉样物。

（3）诊断

①论证诊断　根据饲养史、瓣胃深部触诊疼痛和叩诊瓣胃浊音区增大及顽固性便秘等临床特征，可以作出初步诊断。瓣胃穿刺检查具有确诊的实际意义。其他病征对诊断无特殊价值，如脱水及瘤胃臌胀积液，也见于肠便秘或真胃阻塞，而鼻镜干燥和龟裂更常见于各种发热痛。当诊断时，若仅抓住个别较为明显的病征而忘记对材料的全面分析，最易导致误诊。

②鉴别诊断　本病最易与急性前胃驰缓和严重肠便秘混淆。急性前胃弛缓无亚急性腹痛，严重肠便秘腹痛更明显。

（4）治疗

治疗原则是增强前胃运动机能，促进瓣胃内容物排除，消导辅以健胃止酵。

①早期　一般按前胃弛缓治疗。

②泻下　必须配合补液，分中药泻下和西药泻下。西药泻下需配合补液，口服泻剂为硫酸钠400～600克、常温清水5升，一次内服；或液体石蜡或植物油1 000～2 000毫升，一次内服。对初期病例有一定效果，但有瘤胃积液的可能。瓣胃注射用10%硫酸钠2 000～3 000毫升，液体石蜡或甘油300～500毫升，一次瓣胃注射。增强前胃神经兴奋性。若无腹痛症状，可在用泻剂后用新斯的明10～15毫克等拟胆碱药物或硝酸士的宁皮下注射，同时应用促反刍液增强前胃运动机能。

34. 如何防治牛皱胃炎?

真胃炎是由于饲料品质不良或饲养管理不当，特别是应激等不良因素的作用，引起真胃组织黏膜及黏膜下层的炎症，导致严重消化不良现象。本病是奶牛的一种常见多发病。

（1）病因

①原发性真胃炎　病因有下列几种。

饲料品质不良。奶牛平时或分晚后，饲喂精料过多，而优质干草或草料不足；奶牛长期饲喂糟粕、豆渣等酿造副产品；营养不全、缺乏蛋白质和维生素；饲料粗硬、腐败发霉、冰冻饲料。

饲养管理不当。饲喂不定时，饥饱无常，突然变换饲料，经常调换饲养员，放牧转为舍饲，劳役过度。或长途运输、过度紧张等引起应激反应，影响消化机能，导致真胃炎的发生。

异物创伤引起创伤性真胃炎。

②继发性真胃炎　继发于前胃病、营养代谢病、肠道疾病、

寄生虫病（血矛线虫）、传染病（牛沙门氏菌、病毒性腹泻）。

（2）临床症状

①早期表现为消化紊乱，与前胃弛缓相似。对饲料有选择性，喜欢采食青饲料，不喜欢精料，可与前胃弛缓区别，一吃精料就臌气、拉稀。真胃炎时往往发生呕吐，时有空口咀嚼、磨牙、口津黏稠、舌苔白腻、口腔甘臭。

②真胃区出现反跳性疼痛，压之不痛，去压则疼痛明显。检查真胃区动物表现躲闪，抗拒、鸣叫等，腹部紧缩，溃疡时，“右后肢前踏”姿势以减轻疼痛。

③检查粪便　早期粪便少、干，呈球形被覆黏液、酸臭，有未消化精料；中后期粪便呈糊状黏腻，混有黏液、血液，出血较多时，粪呈果酱色或松馏油色。在直肠检查时，手感粪黏腻（油腻感）最明显。

④其他　鼻镜干燥龟裂；体温通常无变化，皮温不整；结膜黄染十二指肠炎；若真胃炎症引起穿孔时，则有腹膜炎症状。

有报道指出，表现持续的淋巴细胞相对减少的白细胞减少症，检有 $1.5\times10^{9}\sim4\times10^{9}$ 个/升，是真胃炎血象变化的特征。

（3）诊断

真胃炎的诊断较为困难，主要依据病史、临床表现建立诊断。并注意与创伤性网胃炎、肠套叠以及传染病引起的出血性胃肠炎相区别。

（4）治疗

治疗原则是清理胃肠，消炎止痛，强心补液，健胃止酵。

①清理胃肠　石蜡油或植物油 500～1 000 毫升，人工盐 400～500 克，水 5～10 升，一次口服。

②抗菌消炎止痛　磺胺脒（SG）0.5 克×130～150 片，小

苏打 0.5 克 ×130 ~ 150 片，分 3 次投服，首次剂量为总量的 1/2，以后每次喂总量的 1/4，2 次/日。安溴注射液 100 毫升，静脉注射。

③强心补液　20% 安钠咖 10 ~ 20 毫升，5% 葡萄糖生理盐水 1 000 ~ 2 000 毫升，林格氏液 1 000 ~ 2 000 毫升，40% 乌洛托品 20 ~ 40 毫升，25% 维生素 C 20 毫升，5% 碳酸氢钠 500 毫升，分开静脉注射。

④对症治疗　腹泻严重的牛用 0.1% 高锰酸钾 1 000 ~ 3 000 毫升，口服。止血用安络血 2 毫升 ×10 支或维生素 K 3 毫升 ×10 支，肌内注射。病情好转后用复方龙胆酊 60 ~ 100 毫升、陈皮酊 30 ~ 50 毫升，内服健胃。

⑤中药疗法　以健胃消导、健脾止酵为原则，用保和丸曲麦散加减。

35. 如何防治牛肠炎？

（1）病因

①原发性肠炎　饲料污染或饲料品质不良引起食物性或中毒性肠炎。饲喂霉败饲料、冰冻或堆放发热的青草，或不洁的饮水；采食了蓖麻、巴豆等有毒植物；误咽了酸、碱、砷、汞、铅、磷等有强烈刺激或腐蚀的化学物质；食入了尖锐的异物损伤肠黏膜后被链球菌、金黄色葡萄球菌等化脓菌感染，而导致肠炎的发生。

饲养管理不当，畜舍阴暗潮湿，卫生条件差，气候骤变，饲料突变；车船运输，过度紧张，奶牛处于应激状态，容易受到致病因素侵害，致使肠炎的发生。

滥用抗生素，一方面细菌产生抗药性，另一方面在用药过程中造成肠道的菌群失调，引起二重感染。

②继发性肠炎　传染性肠炎包括牛瘟、牛病毒性腹泻（黏膜病）、牛结核、牛副结核、犊牛白痢、沙门氏菌引起的细菌性肠炎、空肠弯杆菌引起的冬痢。

寄生虫性肠炎，包括肝片吸虫、前后盘吸虫、蛔虫。

普通病常继发肠炎，前胃疾病尤其是瘤胃酸中毒、急性胃肠卡他、肠便秘、肠变位、幼畜消化不良等消化系统疾病，霉玉米中毒、黑斑病甘薯中毒、有毒植物中毒、矿物质中毒等中毒病。维生素A缺乏、钴缺乏、硒缺乏等营养代谢病。化脓性子宫炎等产科病。

（2）症状

①急性肠炎　精神沉郁，消化紊乱。食欲减退或废绝，口腔干燥，渴感增加；舌苔厚、口臭、口色红黄，以小肠为主时，口症明显；嗳气、反刍减少或停止，鼻镜干燥。

排粪及粪便。以小肠为主，腹泻不明显，往往是排粪迟滞而后腹泻。以大肠为主，常呈持续性腹泻。粪便稀呈粥样或水样，腥臭，粪便中混有黏液、血液和脱落的黏膜组织，有的混有脓液。严重腹泻时尽管有痛苦表现，但无粪便排出，呈现里急后重现象，病程后期肛门松弛，排粪失禁。

听诊。肠音增强，有时可闻带金属调高朗的肠音，随病程发展，逐渐减弱甚至消失。

全身症状明显，精神沉郁，体温升高40℃以上；脉搏增快100次/分以上；呼吸加快，可视黏膜色泽改变，潮红、黄染、发绀。机体脱水明显，眼窝凹陷，皮肤弹性减退，血液浓稠，尿量减少。随着病情恶化，出现自体中毒体征，病畜体温降至正常温度以下，四肢厥冷，出冷汗，脉搏微弱甚至脉不感于手，体表静脉萎陷，肌肉震颤、精神高度沉郁甚至昏睡或昏迷。

②慢性肠炎　病畜精神不振，衰弱，食欲不定，时好时坏，挑食。异嗜，往往喜爱舔食沙土、墙壁和粪尿。便秘，或者便秘与腹泻交替，并有轻微腹痛，肠音不整。体温、脉搏、呼吸常无明显改变。

（3）诊断

食欲废绝，口症明显，肠音减弱，初期粪便干燥，后期腹泻，结膜黄染，常提示小肠炎症。反之，腹泻出现早、腹泻明显，并伴有里急后重现象，或肠音高朗，而食欲轻微减弱，口腔湿润，脱水迅速，为大肠炎症。

（4）治疗

治疗原则是抗菌消炎，缓泻止泻，强心补液缓解自体中毒。

①抗菌消炎　肌肉或腹腔注射庆大霉素 1 500 ~ 3 000 单位/千克体重，或环丙沙星 3 ~ 5 毫克/千克体重、乙基环丙沙星 2.5 ~ 3.5 毫克/千克体重等抗菌药物。

②缓泻止酵，清理胃肠　在肠音弱，粪干、色暗或排粪迟缓，有大量黏液，气味腥臭者，为促进胃肠内容物排出，减轻自体中毒，应采取缓泻。常用液体石蜡，或植物油，或硫酸钠 100 ~ 300 克，或人工盐 300 ~ 500 克，500 ~ 1 000 毫升，鱼石脂 10 ~ 30 克，酒精 50 毫升，常水适量，内服。在用泻剂时，要注意防止剧泻。

③收敛止泻　当粪稀如水，频泻不止，腥臭气不大，不带黏液时，应止泻。

④强心补液　缓解自体中毒。

⑤对症治疗　出血，安络血、维生素 K、止血敏等。恢复胃肠功能，可用健胃助消化药物，中药、胃蛋白酶、乳酶生、

调痢生、乳酸菌素片。

⑥中医治疗　中兽医称肠炎为肠黄，治以清热解毒、消炎止痛、活血化瘀为主，宜用郁金散或白头翁汤。

肠炎治疗关键是抓住一个根本，即消炎；掌握两个时机，即缓泻、止泻；把好三个关口，即强心、补液、解毒。

九、牛常见呼吸系统疾病及防治

36. 如何防治牛支气管炎？

（1）病因

①受寒感冒　是引起支气管炎的主要原因，受寒感冒使机体抵抗力下降，支气管黏膜防御机能减弱。一方面，病毒、细菌直接感染；另一方面，呼吸道寄生菌，如肺炎球菌、巴氏杆菌、链球菌、葡萄球菌、化脓杆菌、霉菌孢子、副伤寒杆菌等的感染。

②物理、化学因素的刺激　吸入过冷的空气、粉尘、刺激性气体；投药或吞咽障碍时，由于异物进入气管，可引起吸入性支气管炎；过敏反应常见于吸入花粉，如油菜花、有机粉尘、真菌孢子等引起气管、支气管的过敏性炎症。特征为按压气管容易引起短促的干而粗粝的咳嗽，支气管分泌物中有大量的酸性细胞，无细菌。

③诱因　饲养管理粗放，如畜舍卫生条件差、通风不良、闷热潮湿以及饲料营养不平衡等，导致机体抵抗力下降，均可成为支气管炎发生的诱因。

④原发性慢性支气管炎　由急性支气管炎转变而来，常见于致病因素未能及时消除，长期反复作用，或未能及时治疗，

饲养管理及使役不当，均可使急性转变为慢性。老龄动物由于呼吸道防御功能下降，喉头反射减弱，单核吞噬细胞系统功能减弱，慢性支气管炎发病率较高。另一原因是缺乏维生素 C、维生素 A，影响支气管黏膜上皮的修复，降低了溶菌酶的活力，也容易发生本病。

（2）症状

①急性支气管炎　咳嗽是主要的症状。在疾病初期，表现干、短和疼痛咳嗽，以后随着炎性渗出物的增多，变为湿而长的咳嗽。有时咳出较多的浆液或黏液脓性的痰液，咳嗽后有吞咽动作，呈灰白色或黄色。尤其是冷空气刺激或通过气管人工诱咳时，可出现声音高朗的持续性咳嗽。鼻液，鼻孔流出浆液性、黏液性或黏液脓性的鼻液。胸部听诊，肺泡呼吸音增强，并可出现干啰音和湿啰音。全身症状，体温正常或轻度升高 0.5～1.0℃。随着疾病的发展，炎症侵害细支气管，则全身症状加剧，体温升高 1.0～2.0℃；呼吸加快，严重者出现吸气性呼吸困难，可视黏膜蓝紫色。胸部叩诊无变化；X 线检查仅见肺纹理增粗，无明显异常；光导纤维内窥镜可见气管支气管黏膜充血、肿胀。

②慢性支气管炎　经常慢性、持续性咳嗽是本病的特征。咳嗽可拖延数月甚至数年。咳嗽严重程度视病情而定，一般在运动、采食、夜间或早晚气温较低时，常常出现剧烈痉挛性咳嗽（干咳）。稍作运动出现咳嗽、气喘。人工诱咳阳性。鼻液黏稠。肺部听诊。长期存在干啰音，吹哨声、咝咝声、哮鸣音是其特点。初期因有大量稀薄的渗出物，听到湿啰音，后期由于支气管渗出物黏稠，则出现干啰音；早期肺泡呼吸音增强，后期因肺气肿而使肺泡呼吸音减弱或消失。肺部叩诊，早期多正

常，当继发肺泡气肿时，为鼓音。全身症状，体温无变化，奶牛逐渐消瘦，长期食欲不良和疾病消耗，因支气管狭窄和肺泡气肿而出现呼吸困难，特别是运动时气喘和哮鸣。X 射线检查早期无明显异常，后期由于支气管壁增厚，细支气管或肺泡间质炎症细胞浸润和纤维化，可见肺纹理增粗、紊乱，呈网状或条索状、斑点状阴影。病程较长，可持续数周、数月甚至数年。

③腐败性支气管炎　是由于吸入异物后引起的支气管炎，后期可发展为腐败性炎症；呼吸困难，呼出气体有腐败性恶臭；两侧鼻孔流出污秽不洁和有腐败臭味的脓性鼻液；听诊肺部可能出现空瓮性呼吸音；病畜全身反应明显，血液检查白细胞数增加，嗜中性粒细胞比例升高；鼻液中弹力纤维检查可区别坏疽性肺炎。

（3）诊断

根据病史，结合咳嗽、流鼻液和肺部出现干、湿啰音等呼吸道症状即可初步诊断。X 射线检查可为诊断提供依据。本病应与流行性感冒、急性上呼吸道感染等疾病相鉴别。

①流行性感冒　发病迅速，体温高，全身症状明显，并有传染性。

②急性上呼吸道感染　鼻咽部症状明显，一般无咳嗽，肺部听诊无异常。

（4）治疗

治疗原则是消除病因，抑菌消炎，祛痰镇咳，必要时抗过敏等。

①消除病因　畜舍应通风良好且温暖，供给充足的清洁饮水和优质的草料。

②抑菌消炎　可选用抗生素或磺胺类或氟喹诺酮类药物。

以气管注射疗效最佳。

青霉素 80 万单位 5 ~ 8 支，链霉素 50 万单位 2 ~ 4 支，0.25% ~0.5% 普鲁卡因 15 ~20 毫升，气管注射，1 次/日。

病情严重者可用四环素，剂量为 5 ~ 10 毫克/千克体重，溶于 5% 葡萄糖溶液或生理盐水中静脉注射，每日 2 次。10% 磺胺嘧啶钠 300 ~400 毫升，静脉注射。

大环内酯类红霉素等、氟喹诺酮类氧氟沙星、环丙沙星等及头孢菌素类第一代头孢菌素、第二代头孢菌素等。

③祛痰　对咳嗽频繁、支气管分泌物黏稠的，可用溶解性祛痰剂；氯化铵（0.3 克/片）20 克，1 次口服，2 次/日；吐酒石 3 克，1 次口服，2 次/日；痰易净（乙酰半胱氨酸）10% ~ 20% 溶液（现配）3 ~5 毫升气管注入。

④镇咳　分泌物不多，但咳嗽频繁且疼痛，可选用镇痛止咳剂。复方樟脑酊 30 ~50 毫升，内服，每日 1 ~2 次；复方甘草合剂 100 ~150 毫升，内服，每日 1 ~2 次；磷酸可待因 1.5 ~2 克，1 次内服，2 次/日。

⑤排除炎性渗出物　为了促进炎性渗出物的排除，可用克辽林、来苏儿、松节油、松馏油、薄荷脑、麝香草酚等蒸气反复吸入，也可用碳酸氢钠等无刺激性的药物进行雾化吸入。生理盐水气雾湿化吸入或加溴己新、异丙托溴铵，可稀释气管中的分泌物，有利于排除。

对严重呼吸困难的奶牛，可用 5% 盐酸麻黄碱 0.2 ~0.3 克，皮下注射，2 ~3 次/日。氨茶碱 1 ~2 克，肌内注射或静脉注射，2 次/日。

⑥中药疗法　外感风寒引起者，宜疏风散寒，宣肺止咳。可选用荆防散合止咳散加减；外感风热引起者，宜疏风清热，

宣肺止咳，可选用款冬花散；慢性支气管炎中药疗法，益气敛肺、化痰止咳，用参胶益肺散。

37. 如何防治牛支气管肺炎？

（1）病因

感冒及支气管炎进一步发展而成，凡能引起感冒和支气管炎的致病因素均可促使本病的发生。如受寒、吸入氨气、二氧化硫等刺激性气体，或药物误投入气管等；继发于流行性感冒、牛恶性卡他热、结核等传染病，肺丝虫病、蛔虫病等寄生虫病，以及胃肠炎、子宫炎等其他一些疾病。

（2）症状

①病初呈现支气管炎的症状　咳嗽是固有症状，初为干咳，以后呈短咳、痛咳、湿咳。人工诱咳阳性。流浆液性或黏液性鼻液，初期及末期鼻液量较多。呼吸加快并有不同程度的呼吸困难，黏膜潮红或发绀。

②胸部听诊　病灶部肺泡呼吸音常减弱或消失，有时可听到局灶性捻发音、各种啰音。健康部位代偿性增强，肺泡呼吸音亢进。

③胸部叩诊　出现灶状浊音区或过清音区（健康部位）。

（2）诊断

有呼吸系统疾病的共同症状，如支气管炎的症状，但全身症状逐渐明显。弛张热或间歇热型，叩诊灶状浊音，听诊灶性肺泡呼吸音减弱或消失，出现各种啰音、捻发音。

（3）治疗

治疗原则是抗菌消炎，制止渗出，促进吸收，对症治疗镇咳祛痰。

①抗菌消炎　大剂量应用抗生素和磺胺类药物。抗生素青链霉素、卡那霉素、庆大霉素、红霉素、林可霉素和广谱抗生素四环素、土霉素、金霉素等，同时应用磺胺类药物；氟喹诺酮类疗效显著，参见支气管炎的治疗。抗生素胸腔注射或气管注射，疗效最佳。

②制止渗出　10%葡萄糖1 000毫升、10%氯化钙100～150毫升或10%葡萄糖酸钙液500毫升，25%维生素C 20毫升，静脉注射，每日2次。

③促进渗出物的吸收和排除　口服祛痰剂氯化铵15～20克、复方甘草合剂150毫升等。

④中药　麻杏石甘汤。

十、牛常见寄生虫病及防治

38. 如何防治血孢子虫病？

(1) 病原形态

血孢子虫为单细胞个体，基本构造为原生质和细胞核。

①双芽焦虫　虫体多位于红细胞中央，常呈梨形，成对存在。两个虫体尖端相连呈锐角，虫体长度大于红细胞半径，虫体中央淡染，形如空泡，染色质为两团块，位于虫体边缘。

②牛巴贝斯虫　虫体多位于红细胞边缘，呈环状、椭圆，或呈单个、两个梨形体。当呈两个梨形虫体时，其尖端相连呈钝角，梨形虫体的长度小于红细胞半径，染色质为一团块。

③泰勒焦虫　在红细胞内的虫体呈多样化的形状，虫体长度均小于红细胞半径，有环形呈宝石戒指状，核居一端；有椭圆形，两端钝圆，核后一端；有逗点状，核居钝端；有杆状而

一端膨大，核居粗端；有十字形，由 4 个点状虫体组成；有圆点状或边虫状，虫体很小。在病畜的脾脏或淋巴结内进行穿刺涂片染色后检查，可发现虫体在淋巴细胞和单核白细胞胞浆中呈石榴体，即在分裂繁殖中产生的一种多核虫体。石榴体的存在是诊断本病的重要依据。

④边虫　呈球状或粒状，无明显的细胞质，大小为 0.1 ~ 0.6 微米，多数寄生在红细胞的边缘，边虫虫体也可见于淋巴球内，虫体的形状很微小，由 1 ~6 个单位组成。

（2）致病机理

血孢子虫病的临床症状的潜伏期一般为 10 ~ 25 日，边虫病潜伏期可长达 80 ~ 100 日。在虫体及其毒素的作用下，临床上可出现神经、贫血、心血管、胃肠及稽留热等症候群。一般的急性经过表现为精神高度沉郁，稽留热，食欲减退或消失，反刍迟缓或停止，瘤胃蠕动减弱，便秘或下痢，呼吸加快，心悸亢进，贫血，黄疸，血液稀薄，红细胞减少。通常有血红蛋白尿（血尿）出现，但泰勒焦虫病和边虫病无此症状。泰勒焦虫病出现局部淋巴结肿大和有压痛，病畜很快消瘦，经 2 ~4 日死亡。

（3）诊断

根据流行病学和临床症状可做出初步诊断。确诊可采取如下方法。

①病原体的检查　取病牛血涂片，用姬姆萨染色，于高倍油镜下找到红细胞内的血孢子虫体，根据虫体特征确定是哪种血孢子虫病原即可确诊。

②如怀疑病牛患泰勒焦虫病，可行淋巴结和脾脏穿刺，在抹料涂片染色后，找到“石榴体”即可确诊。

诊断必须对各种血孢子虫病以及与其他急性传染病，如炭疽、出败、流感、恶性卡他热等进行鉴别，与其他血尿病也要进行区别诊断。

（4）治疗

治疗应在发病早期进行，除应用抗原虫药物治疗外，辅以对症疗法或输血等对预后有很大的影响。抗原虫治疗的药物有如下几种。

①三氮咪（贝尼尔，血虫净）　对双芽巴贝斯虫病的剂量为3.5～3.8毫克/千克体重，对牛环形泰勒焦虫病和边虫病可采用7毫克/千克体重的剂量。用时配成5%～7%的溶液，分点深部肌内注射。连续使用易出现毒性反应。

②硫酸喹啉脲（阿卡普林）　该药具有强力的抗焦虫作用，对巴贝斯属和泰勒属所引起的焦虫病都有防治效果，剂量按0.6～1.0毫克/千克体重配成5%溶液皮下注射。如病畜有代谢性失调或有心脏和血液循环疾患时，需分2～3次注射，每隔数小时注射一次。妊娠牛可能流产。

③咪唑苯脲　对牛的双芽焦虫具有高度的活性，对边缘边虫也有作用。治疗剂量1～3毫克/千克体重，配成10%的溶液，分2次肌内注射。

（5）预防

须采取综合性预防，防蜱是关键。要经常消灭牛体上的蜱，牛舍要经常进行除蜱处理，根据牛蜱的生活史，对牧地进行合理的轮牧。

39. 如何防治片形吸虫病?

(1) 病原

片形吸虫雌雄同体，食道后有多枝的两根盲肠。两个呈珊瑚状分枝的睾丸，前后排列，位于虫体的中后部，鹿角状的卵巢，位于睾丸的右上方。卵膜位于虫体前1/3处的中央。子宫弯曲呈菊花状，盘曲于腹吸盘和卵膜之间。虫卵椭圆形，金黄色，有一个不明显的卵盖，卵内充满着卵黄细胞和1个卵胚。

(2) 致病及症状

肝片形吸虫的童虫在宿主组织内移行，引起出血和炎症。成虫阻塞胆管，使患畜产生黄疸。虫体的代谢产物和毒素使患畜产生溶血、贫血、消瘦、营养不良、水肿，使幼畜的生长发育和肥育受到影响，使成年母畜的产乳量降低。在感染的过程中，分解胆汁，携带细菌侵入而并发细菌性感染，加重病势。

急性型病牛表现为体温升高，偶有腹泻，肝区敏感，出现贫血，几日内死亡，或转为慢性。

慢性型病牛表现为贫血，消瘦，下颌、胸前和腹下水肿，经常出现腹泻，前胃弛缓或臌胀。严重的病牛因衰竭或恶病质而死亡。

(3) 诊断

本病缺乏特征性的症状，诊断依靠沉淀法检查粪内有无虫卵和皮内反应提供参考。

①水洗沉淀法　此法原理是利用虫卵比水重，使它在水里沉淀集中。方法是取新鲜粪便40~50克，放在杯内加清水调匀，用40~60目/吋铜丝筛或两层纱布滤去粗大的粪渣。粪液滤入锥状量杯内，加水至杯面，静置15~20分钟，倒去上层浮

液，换上清水，此后每隔 10 ~ 15 分钟换水一次，直至上层液澄清为止，将上层倒掉，留下粪渣，用吸管吸取粪渣检查虫卵。

②锦纶筛集卵法　取 40 ~ 60 目/吋，筛径 10 厘米，深 4 厘米铜丝筛与 260 目/吋，筛径 12 厘米，深 10 厘米锦纶筛网兜套叠，铜丝筛在上锦纶筛网兜在下。将粪便加水调匀后倒入铜丝筛内，滤去粗大的粪渣，粪液滤入锦纶筛网兜，然后取去铜丝筛，将锦纶筛网兜依次浸入两只盛清水的器皿内，盆或桶均可，用光滑圆头玻璃棒反复搅拌网兜内粪液，注意不使网兜内粪液外溢，直至网兜内色素杂质全部淘洗干净，再用清水冲洗网兜内壁四周，使粪渣集中于底部，可直接吸取粪渣涂片检查虫卵，或将粪渣倒入小烧杯内，待检。

③漂浮法　肝片形吸虫卵相对密度为 1. 2 克/立方厘米，用大于虫卵相对密度的溶液使虫卵漂浮上来，然后用载玻片取液面虫卵镜检。因此法应用较少，可试用硫酸锌液漂浮法。取硫酸锌 80 克、糖 25 克溶于 100 毫升的水中。另取粪 1 ~ 3 克，放在青霉素瓶内，先加少量的硫酸锌液，充分混匀，再加满硫酸锌液，将盖玻片平放而接触于液面，经 30 ~ 45 分钟，取下盖玻片，放在载玻片上镜检。也可用硝酸铅液漂浮法，硝酸铅 650 克加水 1 000 毫升，兑成相对密度为 1. 5 克/立方厘米的硝酸铅液。两种漂浮检查的方法相同。

（4）治疗

驱除肝片形吸虫的药物有三类。

①硫双二氯酚（别丁）　疗效较好，70 ~ 80 毫克/千克体重，用水混合后一次灌服，驱虫率达 80% 以上。该药服用后牛反应较大，服用的第 2 日，可有食欲减退，粪便稀而黏稠等症状，经 3 ~ 4 日可痊愈。产奶量一周内可下降 20% 左右，1 周后

可逐渐恢复。

②硝氯酚（拜尔 9015）　是治疗肝片形吸虫较好的药物。粉剂，7～8 毫克/千克体重，可将一次量分两次服用或一次量混合在精料中喂给。针剂剂量为 0.5～1.0 毫克/千克体重，深部肌内注射。该药副作用小，可致产奶量减少约 5%，但驱虫效果可达 90% 以上，是较为理想的驱虫药。

③丙硫咪唑　剂量为 20～30 毫克/千克体重，口服。本药不仅对成虫有效，而且对童虫也有一定的疗效。

（5）预防

定期驱虫，减少牛体内虫体的负荷量和虫卵污染的强度。集中粪便进行生物热法、沼气法或其他无害化处理，控制新鲜牛粪污染水源、牧地。消灭中间宿主椎实螺，选择干燥无螺的地区进行放牧，避免有螺的水系作为牛的饮水源，安排安全的放牧地和用水，以防囊蚴感染。

40. 如何防治牛消化道线虫病?

（1）病原形态

①指形长刺线虫　寄生于牛胃。虫体细长，口腔小，内有一角质矛。雄虫长 23～28 毫米，交合伞发达，有长交合刺一对，无导刺带。雌虫长 28～32 毫米，透过表皮可见白色卵巢围绕着褐色肠管，阴门在虫体后部，无阴门盖。虫卵椭圆，大小为 99～125 微米 ×42～49 微米。全国分布。

②捻转血矛线虫　寄生于第四胃，虫体细长，口腔内有角质矛 1 个。雄虫长 11.5～22 毫米，交合伞发达，背翼小，偏于左侧，有“人”字形肋支。雌虫卵巢两个缠绕着消化道，长 16.5～32 毫米，阴门位于虫体中部稍后方，有阴门盖，虫卵。

椭圆，大小为57～59毫米×32～45毫米。

③似血矛线虫　虫体结构与捻转血矛线虫相似，但虫体较小，背翼上的背肋分枝左右平直。雄虫长8～11毫米，雌虫长10.63～21毫米。卵和捻转血矛线虫卵不易区别。

④尖刺细颈线虫　寄生于第四胃和小肠。虫体前部尖细，头端角质层扩大成头囊，上具横纹。雄虫长7.5～15.33毫米，背肋成独立2支分别位于两侧，交合刺1对，远端套在膜内，状似红缨枪的前锋。雌虫长12～21毫米，阴门位于虫体后1/3处，横裂，有排卵器。虫卵椭圆，大小为139～175毫米×76～91毫米。全国分布。

⑤牛仰口线虫　又称牛钩虫。寄生于十二指肠。虫体前端向背面弯曲。雄虫长14～19毫米，交合伞发达，其特征在于外背肋不对称，一支高，一支低。雌虫长17～26毫米，阴门在虫体前1/3处腹面。分布于我国各地。

⑥辐射食道口线虫　寄生于结肠、盲肠。虫体前端弯曲，头囊膨大，有口环、叶冠，有颈沟、颈乳突。雄虫长11.52～14.81毫米，雌虫长16.46～18.92毫米，阴门在虫体后部，有排卵器。见于我国各地。

（2）致病和症状

新蛔虫幼虫移行时，一方面引起机械作用，破坏组织；另一方面又分泌毒素，影响正常生理机能，故犊牛有多量新蛔虫寄生时，常见食欲减退、贫血消瘦、频频下痢、渴欲增加等现象。最后发育不良，濒于死亡。

牛的消化道线虫大都为混合感染，其中以指形长刺线虫、血矛线虫、仰口线虫危害最大。病牛精神不振，贫血，腹泻便秘交替出现，严重者常见下颌水肿或颈下、前胸和腹下水肿，病牛营养障碍，被毛粗乱，日益消瘦。如大量感染食道口线虫（结节虫）时，临床见有顽固性下痢，剖检时肠壁上有很多结节。

（3）诊断

除观察临床症状外，必须作粪便虫卵检查。由于牛的线虫大多为混合感染，故见到虫卵，须根据其形态、大小、卵细胞多少作初步区别；必要时进行幼虫培养，观察三期幼虫的大小、肠细胞的形态、数目以确定之。

（4）防治

在摸清流行情况、发病季节、放牧方式和饲养管理的基础上，订出合理的综合措施。

①主要内容　预防性驱虫。按流行或季节动态，每年预防性驱虫 1 ~2 次；粪便做无害化处理；不在低湿草地放牧，否则应开沟排水，疏通沟渠。

②治疗药物　盐酸左咪唑，内服 8 毫克/千克体重，皮下或肌内注射用 4 ~5 毫克/千克体重；噻吩嘧啶，淡黄色晶形粉末，25 ~30 毫克/千克体重，一次内服，可驱除各种线虫，但对肺线虫、毛首线虫无效；甲噻吩嘧啶，按 10 毫克/千克体重，一次内服，驱虫范围同噻吩嘧啶，对五期幼虫无效。药效较噻吩嘧啶为好，安全范围大，用量小；磷酸哌嗪和枸橼酸哌嗪，驱蛔灵 0. 20 ~0. 25 克/千克体重，一次内服，可驱除犊牛蛔虫。

第四部分

饲料和兽药高效安全使用

一、饲料的高效安全使用

1. 什么是饲料和配合饲料?

饲料是所有饲养动物的食物的总称，狭义的饲料一般指农业饲养动物配制的食物。饲料包括饲料原料、饲料添加剂和饲料产品三大类。饲料产品主要包括配合饲料、浓缩饲料、精料补充料和添加剂预混料。

配合饲料，是根据动物的不同生长阶段、不同生理要求、不同生产用途的营养需要和饲料的营养价值，将多种饲料原料和添加剂按照一定比例和规定的工艺流程生产，以满足其营养需要的饲料。一般情况下，建议养殖者使用配合饲料饲喂畜禽，因使用配合饲料有以下优点：

一是能提高畜禽生产性能。配合饲料由于营养全面，可以满足畜禽生长发育和生产的需要，提高畜禽产肉、产奶、产蛋和产仔等性能。二是节约饲料资源。一方面，配合饲料能提高饲料利用率，降低单位畜产品生产需要的饲料量，从而降低饲料的使用量；另一方面，配合饲料能有效利用粮油、食品等加工的副产品和工业下脚料，节约玉米、小麦、大豆等粮食资源。三是可预防营养性疾病，有利于畜禽健康生产。配合饲料营养丰富，其营养组分均匀，有利于畜禽健康生产。四是配合饲料使用方便，可用来直接饲喂，省事、省人力。五是配合饲料便于机械化、规模化饲养。六是有利于减少环境污染。

2. 什么是无抗饲料、饲料安全和农家饲料?

（1）无抗饲料

无抗饲料是指饲料中没有抗生素的饲料，简称无抗饲料。要做到饲料中无抗生素，主要从两方面来考虑，一是饲料中不添加抗生素，二是所有饲料组分不受抗生素污染，包括植物性、动物性饲料原料以及饲料中各种添加物。目前，我国饲料种类多，要做到饲料原料不受抗生素污染有一定难度，一般所说无抗饲料是在饲料配制和使用过程中不使用抗生素类药物的饲料。使用无抗饲料是畜禽养殖减抗的重要措施，我国从2020年7月1日起，饲料生产企业停止生产含有促生长类药物饲料添加剂，中药类除外的商品饲料；从2020年8月1日起，养殖者在日常生产自配料时，不得添加农业农村部允许在商品饲料中使用的抗球虫和中药类药物以外的兽药。

（2）饲料安全

饲料安全是指饲料，包括饲料原料、饲料添加剂和饲料产品在生产、贮藏、运输和使用过程中，对动物健康、生产性能不产生负面效应，对人类生活健康以及生态环境可持续发展不造成负面影响。饲料不安全是影响动物健康和食品安全的重要因素之一。

（3）农家饲料

农家饲料一般指农户自己种植的粮食，如玉米、稻谷、小麦、黄豆、豌豆、甘薯、马铃薯等，及其农副产品麸皮、米糠、甘薯渣、稻草、玉米秸秆、麦秸等，青草和蔬菜、剩菜剩饭、泔水等，经过简单加工配合后的饲料。农家饲料营养不平衡，导致饲料利用率低，动物生长缓慢，饲养周期长，饲养成本高。使用农家饲料时，首先要合理选择和搭配原料，建议农家饲料和购买复合预混料或者浓缩饲料相结合，多种原料搭配，达到其营养成分互相补充的目的，配制成配合饲料后使用。其次要合理加工调制原料，粉碎玉米、豆类、稻谷等籽实原料，通过加热去除豆类、棉籽饼中抗营养因子，菜籽饼和薯类及其副产物进行发酵处理，以提高饲料的消化率。第三是要混合均匀，各种原料按照配比称好后，玉米、麸糠、饼类和少量的其他原料混合均匀。第四是科学存放和管理。农家自配饲料应遵循随用随配的原则，配好的饲料不宜长期保存，以防霉败变质。一般夏季存放两周左右，冬春季节可稍长一些。存放在室内通风、干燥处，不与有毒有害物质堆放在一起，防鼠害和淋雨。

3. 什么是饲料添加剂，其主要作用是什么?

饲料添加剂，是为满足特殊需要而在饲料加工、制作、使用过程中添加的少量或者微量物质。饲料添加剂分为氨基酸、氨基酸盐及其类似物，维生素及类维生素，矿物元素及其络（螯）合物，酶制剂，微生物，非蛋白氮，抗氧化剂，防腐剂、防霉剂和酸度调节剂，着色剂，调味和诱食物质，粘结剂、抗结块剂、稳定剂和乳化剂，多糖和寡糖及其他14类。添加饲料添加剂在饲料中用量少但作用显著，主要作用是完善、强化动物饲料的营养价值、提高饲料的利用率、增进动物健康、促进动物生长发育、延长饲料的保质期、改变动物产品品质以及降低动物排泄污染等。

4. 饲料添加剂安全吗？如何规范使用饲料添加剂？

饲料添加剂能有效保障养殖动物、人类消费者和环境的安全。曾经由于饲料中添加剂的滥用和非法使用违禁物质，出现极少部分畜禽产品抗生素超标和质量安全事件，加之一些媒体对添加剂非正面宣传，从而导致人们对饲料添加剂的误解，认为饲料添加剂不安全的认识误区。其实，只要按照国家法规文件规定使用的添加剂种类和添加剂量，其对畜禽和畜产品是安全的，非法、违规和滥用添加剂，对畜禽、畜产品和环境存在安全隐患。

我国制定了《饲料和饲料添加剂管理条例》《饲料添加剂品种目录》和《饲料添加剂安全使用规范》等为主的饲料添加剂的管理法规文件。凡生产、经营和使用的营养性饲料添加剂及一般饲料添加剂均应符合《饲料添加剂品种目录》中规定的品种，在其之外的其他任何添加物，未经农业农村部审核批准，不得作为饲料添加剂在饲料生产中使用。《饲料添加剂安全使用规范》规定了饲料企业和养殖者使用饲料添加剂产品时，应严格遵守“在配合饲料或全混合日粮中的最高限量”规定，不得超量使用饲料添加剂。

5. 如何选用饲料？

饲养猪、鸡、牛、羊、兔的养殖户（场），分别对应选用猪饲料、鸡饲料、牛饲料、羊饲料、兔饲料，不能交叉选择。不同品种的畜禽生理机能不同，生长所需要的营养成分也不同，如果选用一种畜禽品种饲料饲喂另一畜禽品种，不但不能发挥出饲料的应有效果，还会浪费饲料，增加了饲养成本，严重者会出现畜禽中毒，危害畜禽健康。

选用与畜禽生长阶段相一致饲料品种。如仔猪阶段使用仔猪饲料、肥育阶段使用肥育阶段饲料，产奶阶段使用产奶阶段的饲料。有的养殖户（场）为了加快肥育猪的生长速度，选用仔猪饲料来饲喂育肥猪，这样做是不对的，因为不同生长阶段的生猪对各种营养物质的需量也不同，饲料的配方的制定也不同，肥育猪摄入过量的蛋白质，浪费饲料资源，增加养殖成本；一般仔猪饲料中含有高铜等物质，会影响猪肉等产品安全。

养殖场（户）结合自身实际，选择适合自己理想的饲料。建议幼畜禽选用配合饲料，生长肥育畜禽、泌乳、妊娠畜禽可选用配合饲料，也可选用浓缩料或精料补充料或复合预混料，配成配合饲料后使用。

6．天然饲料安全吗?

消费者常常认为畜禽产品的安全问题都是由配合饲料引起的，使用天然饲料就会生产安全畜产品。但人们常常忽略天然饲料存在不安全因素，天然饲料同样存在安全隐患，同样影响畜禽健康和畜禽产品安全。一是天然饲料本身含有有毒有害物质，喂量过大或长期饲喂会引起动物中毒和畜产品残留。如棉籽饼中含有棉酚，菜籽饼粕中含有硫葡萄糖苷、芥子碱、芥酸等有毒有害物质。这些有毒有害物质及其代谢物既对畜禽有害，同时还会残留到畜禽产品中。青饲料含硝酸盐高，当加工贮藏不当时，硝酸盐会还原成亚硝酸盐而引起动物中毒或在畜禽产品中残留。二是不少天然饲料中可能含有较高的农药残留。目前生产和使用的农药品种多，年产量大，处处使用农药，特别是不按用药规程使用杀虫剂、除草剂和杀菌剂等，极易造成天然农作物籽实、根、茎或叶中农药的大量残留。其中，在作物外皮、外壳及根茎部的农药残留量远比可食部分高，而这些部分作为副产品又是畜禽饲料的主要来源之一。使用这些饲料饲喂动物，畜禽产品中就会出现农药残留。三是霉菌和霉菌毒素污染，影响畜禽产品安全。据统计，全世界每年约有25%的农作物被霉菌污染。受到霉菌浸染的饲料，不仅降低了营养价值，而且产生的霉菌毒素可能导致畜禽急、慢性霉菌毒素中毒并在畜禽产品中残留。另外，天然饲料中重金属含量可能超标。饲料中重金属与土壤地质特点有关，天然石粉或磷矿粉中氟和重金属含量很高，不能直接用作饲料。饲料中如果重金属超标，不仅会影响畜禽生产性能，还会影响畜禽产品质量安全。综上所述，天然饲料不一定是安全饲料。

7. 农家自然养殖生产的畜产品安全吗?

目前，多数消费者认为，使用配合饲料生产的肉、蛋、奶等产品都是不安全的，而来自农家的、按传统养殖方式、没有使用配合饲料所产的肉、蛋、奶才是安全的。这种认识带有片面性，是不正确的。农家自然养殖很难保证所生产的畜禽产品绝对安全。首先，农家饲料相对不安全，农家饲料主要是蔬菜、青草、树叶、米糠、麦麸、酒糟、薯类、玉米和其他农副产品以及残羹剩饭，可能存在农药残留、天然有毒有害物质、霉菌毒素、寄生虫、氧化酸败和重金属等不安全因素。动物吃了这些饲料后，其生产的肉、蛋、奶产品不一定完全符合食品卫生安全标准。二是农户养殖的环境普遍较差，疫病预防体系也不够健全。动物发病机率较高，发病后治疗用药很难规范，导致畜禽产品中药物残留。三是农家畜禽产品安全意识淡薄，甚至没有安全意识，或者不关心其他消费者的畜禽产品安全。通过调查发现，农户畜禽安全养殖意识薄弱，对畜禽安全养殖和畜禽产品安全知识缺乏，只片面关心自身使用畜禽产品安全，个别农户甚至将病死畜禽的肉作为食用。总之，农家自然养殖生产的畜禽产品不一定安全。

8. 配合饲料生产的畜禽产品安全吗?

随着配合饲料的使用和畜产品日益丰富，以及出现畜产品不安全事件，部分公众误认为配合饲料生产的畜禽产品不安全，产品质量不好等错误的看法。

畜禽产品安全受多种因素影响，饲料确实是影响畜禽产品安全的重要因素，但不是唯一因素。动物的饲养环境、疫病预防与治疗、饲养管理、动物屠宰过程、肉品加工与贮藏、食品烹调方法等都会影响畜禽产品的食用安全。如人兽共患传染病和寄生虫病对畜禽产品的污染、滥用药物、不按照休药期休药、动物屠宰过程中的微生物污染、畜产品加工过程中滥用食品添加剂、畜产品贮藏过程中出现腐败变质、烹调过程中产生的有毒物质或被污染等都会严重威胁畜产品的食用安全。因此，片面认为配合饲料生产的畜禽产品不安全是错误的，更不能将畜禽产品食用安全全部归于配合饲料而忽略其他环节，全面认识畜禽产品安全有利于有效解决畜禽产品安全问题。

配合饲料是现代动物营养学和饲料科学发展成果的体现。与单一饲料和简单饲料搭配相比，使用配合饲料可以改善动物生产性能和饲料利用效率，极大地提高畜禽产品数量，满足大众消费的需要。配合饲料的使用促进了畜牧业的发展，为满足人们对优质动物性食品的需要作出了巨大贡献。不能因目前存在的一些饲料安全问题而否定配合饲料的作用。事实上，只要严格执行配合饲料的生产和使用规范，就能确保饲料的质量和安全。目前存在的问题是极少数企业或养殖场（户）没有按要求组织生产和合理使用配合饲料的结果，如使用的原料不符合标准、生产工艺不符合要求、添加剂使用不合理、药物的用法用量和停药期违反用药规定、饲料贮藏保管不当以及饲喂使用不当等。只要解决好以上的问题，加强饲料质量安全监管，合理生产和正确使用配合饲料，配合饲料的安全性就有保障，也是解决畜禽产品安全问题的根本途径。

9. 如何合理使用饲料?

如购买的商品饲料，按照饲料标签使用说明使用饲料。为保障饲料安全高效利用，应严格按照饲料标签的使用说明和注意事项使用饲料。首先，严禁饲料品种间交叉使用，如猪饲料用作鸡饲料，猪饲料用作牛饲料等错误用法。其次是相应阶段的饲料饲喂对应阶段的畜禽，如仔猪阶段使用仔猪饲料，严禁仔猪阶段饲料饲喂肥育阶段的猪只。第三是不要频繁更换饲料，不同阶段或品种饲料更换时，应逐渐增加新料，同时逐渐减少旧料，5 ~ 7 天过渡为宜，切忌突然换料。具体的饲喂方法，参照本书猪、禽和牛饲养管理章节。

二、兽药的高效安全使用

10. 什么是兽药?

兽药，是指用于预防、治疗、诊断动物疾病或者有目的地调节动物生理机能的物质，主要包括血清制品、疫苗、诊断制品、微生态制品、中药材、中成药、化学药品、抗生素、生化药品、放射性药品及外用杀虫剂、消毒剂等。兽药能及时、有效地预防、治疗畜禽疾病，减少畜禽痛苦，提高畜禽的生产性能。近些年来，由于我国动物疫病时有发生，给畜禽养殖带来极大威胁，造成了很大经济损失。一些养殖场（户）为减少动物疫病的发生及死亡，提高成活率，增加经济效益，滥用药物，特别是滥用抗生素。有的不执行休药期规定，不按休药期的要求，在畜禽出栏屠宰前或鲜奶、蛋上市前还继续使用兽药，造成兽药残留。在饲养过程中使用的兽药，必须是国家批准允许使用的产品，不得使用“瘦肉精”等违禁药物、不得使用未被批准的药物慎用可能存在过敏反应的药物。要严格遵守休药期的规定，不得在用药期间和休药期间出栏畜禽供屠宰食用。

11. 什么是兽药残留?

兽药残留，指动物使用兽药后，蓄积或留存在畜禽机体或者进入肉、蛋、奶等畜禽产品的药物或其代谢物，包括与兽药有关的杂质的残留。兽药在动物体内会经过吸收、分布、代谢和排泄过程。吸收和分布是药物进入动物体内发挥作用并残留的过程。代谢和排泄是药物从动物体内清除的过程。在规范使用的情况下，绝大部分药物被代谢和排泄掉，在动物体内的残留水平很低。通常情况下，畜禽产品中兽药残留的量很低，一般不足以产生健康危害。如果兽用抗生素残留达到较高水平且长期摄入，可能带来过敏反应、慢性毒性、破坏胃肠道菌群平衡等健康影响。

12. 常见药物有哪些不良反应?

药物不良反应，广义的药物不良反应包括因药品质量问题或用药不当所引起的有害反应，包括药物的副作用、毒性作用（毒性反应）、后遗反应（后作用）、过敏反应、特异质反应、抗感染药物引起的二重感染、依赖性以及致癌、致畸、致突变作用等。此处主要讨论抗菌药物的毒性反应、过敏反应和二重感染。

（1）毒性反应

药物的毒性反应是指药物引起动物机体的生理、生化等功能异常和（或）组织、器官等的病理改变，其严重程度随剂量增大和疗程延长而增加，是不良反应中最常见的一种，主要表现在肾、神经系统、肝、血液、胃肠道、给药局部等方面。

（2）过敏反应

过敏反应是应用抗菌药物后的常见不良反应之一，几乎每一种抗菌药均可引起一些过敏反应，最多见为过敏性休克型、疹块型和局部反应型等。在生猪方面，表现为肌肉震颤、全身出汗、呼吸困难、虚脱等症状。疹块型除有轻微上述症状外，还出现各种皮疹，如荨麻疹等，眼睑、阴门、直肠肿胀和乳头水肿等。局部反应型表现为注射局部疼痛、肿胀，或无菌性蜂窝织炎等。一般的过敏反应可选用抗组胺药，如扑尔敏、苯海拉明等，若出现过敏性休克症状，应立即注射肾上腺素、地塞米松进行抢救，但要注意，肾上腺素注射后，可引起心室颤动，数小时后心跳突然停止而死亡。为了避免这种危险，最好在应用肾上腺素的同时皮下注射0.2%～0.3%硝酸士的宁5～10毫升，可避免意外事故的发生。

（3）二重感染

正常家畜的呼吸道、消化道等处均有微生物寄生，细菌之间在相互拮抗制约下维持平衡的共生状态。在大量或长期应用抗生素，尤其是广谱抗生素后，有可能使这种平衡发生变化，使潜在的条件致病菌等有机会大量繁殖，从而引起二重感染。例如在应用广谱抗生素治疗中，肠道中普通大肠杆菌、乳酸杆菌等敏感菌因受到抑制而大大减少，未被抑制的一些原属少数的变形杆菌、绿脓杆菌、真菌以及对该抗生素有耐药性的细菌却乘机大量繁殖，造成严重的菌群失调，进而引起二重感染。

13. 常见药物不良反有哪些？应如何处理？

在临床治疗疾病的过程中，药物不良反应比较常见，表8列出了常见药物不良反应和处理方法。

表8　兽医临床常见药物的不良反应与处理

药物种类	代表药物	不良反应	处理方法
拟胆碱药	氨甲酰胆碱	大剂量肌束震颤，麻痹	一次剂量分2~3次注射，间隔30分钟，中毒时可用阿托品缓解
抗胆碱药	阿托品	肠臌胀、便秘；瞳孔扩大，兴奋不安，肌肉震颤；体温下降，昏迷，窒息	可给予镇静剂、利尿剂、毛果芸香碱缓解
抗贫血药	铁制剂	皮肤苍白、黏膜损伤、粪便发黑、腹泻带血、心搏过速、呼吸困难、嗜眠，严重休克	肌内注射地塞米松，同时口服5毫升维生素C注射液。
糖皮质激素	地塞米松	水肿、低血钾症；肌肉萎缩无力，生长抑制；二重感染；引起流产	禁用于无效抗菌药物治疗的细菌感染，不用于疫苗接种期，母猪妊娠期
β-内酰胺类	青霉素	过敏反应，局部刺激；流汗、不安、呼吸困难、站立不稳、荨麻疹、休克等	严重者可注射肾上腺素，地塞米松和盐酸苯海拉明
氨基糖苷类	庆大霉素	皮疹、发热、水肿、嗜酸性白细胞增多；第八对脑神经损害；呼吸抑制，肢体瘫痪；耳毒性、肾毒性	家畜少见，发生率低；忌随意加大剂量和延长疗程；禁止静脉注射
四环素类	土霉素	局部刺激；二重感染	避免与含钙较高饲料同时服用，避免长期添加

续表

药物种类	代表药物	不良反应	处理方法
氯霉素类	氯霉素	可逆性的血细胞减少和不可逆的再生障碍性贫血；胃肠道反应，二重感染；减缓代谢，增毒作用	已禁用，氟苯尼考替代；疫苗期禁用；慎与其他药物连用；妊娠动物禁用
大环内酯类	红霉素	局部炎症	深部肌内注射；静注勿漏血管，速度应缓慢
其他抗生素	泰妙菌素	影响莫能菌素、盐霉素等的代谢，合用导致中毒	禁止本品与聚醚类抗生素合用
抗菌药	磺胺类	急性中毒，产生神经症状，食欲降低、腹泻；慢性中毒，结晶尿、血尿、蛋白尿，消化系统障碍，溶血性贫血，幼畜免疫系统抑制，免疫器官出血、萎缩	严格掌握剂量与疗程；充分饮水；选用疗效高、作用强、溶解度大、乙酰化率低磺胺类药；宜与碳酸氢钠同服
抗菌药	喹诺酮类	负重关节的软骨组织生长有不良影响；结晶尿；口服拒食，食欲下降，腹泻；中枢神经反应；肝细胞损害	孕畜慎用；充分饮水；控制剂量

14. 关于兽药使用的规定主要有哪些？

目前，关于兽药使用法规文件主要有《中华人民共和国畜牧法》《兽药管理条例》、农业部公告第 176 号和第 278 号以及农业农村部公告第 194 号、第 250 号、第 307 号，以及食品安全国家标准《食品中兽药最大残留限量》（GB 31650－2019）。

《中华人民共和国畜牧法》规定了畜禽养殖场应当建立养殖档案，载明兽药的来源、名称、使用对象、时间和用量；从事畜禽养殖，不得有违反法律、行政法规的规定和国家技术规范的强制性要求使用兽药等内容。《兽药管理条例》规定了境内从事兽药的使用和监督管理内容。

中华人民共和国农业部第176号公告规定了禁止在饲料和动物饮用水中使用的药物品种目录；第278号公告规定了兽药国家标准和专业标准中部分品种的停药期规定，并确定了部分不需制定停药期规定的品种。中华人民共和国农业农村部公告第194号规定了关于饲料中退出除中药外的所有促生长类药物饲料添加剂等内容；第250号规定了食品动物中禁止使用的药品及其他化合物清单；第307号第六条规定了养殖者自配料中兽药和抗球虫药使用等内容。养殖者在日常生产自配料时，不得添加农业农村部允许在商品饲料中使用的抗球虫和中药类药物以外的兽药。因养殖动物发生疾病，需要通过混饲给药方式使用兽药进行治疗的，要严格按照兽药使用规定及法定兽药质量标准、标签和说明书购买使用，兽用处方药必须凭执业兽医处方购买使用。含有兽药的自配料要单独存放并加标识，要建立用药记录制度，严格执行休药期制度，接受县级以上畜牧兽医主管部门监管。

食品安全国家标准《食品中兽药最大残留限量》（GB 31650－2019）批准动物性食品中最大残留限量规定的104种兽药2 191个限量，允许用于食品动物但不需要制定残留限量的154种兽药和允许治疗用但不得在动物性食品中检出的9种兽药。

15．什么是假兽药、劣兽药？其危害是什么？

按照《兽药管理条例》规定，假兽药包括以非兽药冒充兽药或者以他种兽药冒充此种兽药的，兽药所含成分的种类、名称与兽药国家标准不符合的，国务院兽医行政管理部门规定禁止使用的，未经农业部审查批准即生产、进口的，变质的、被污染的，所标明的适应证或者功能主治超出规定范围的等6类；

劣兽药包括成分含量不符合兽药国家标准或者不标明有效成分的，不标明或者更改有效期或者超过有效期的，不标明或者更改产品批号的，其他不符合兽药国家标准但不属于假兽药的等4类。

假劣兽药不但起不到治疗或预防疾病的作用，还会带来下列危害，一是贻误疾病治疗时间，使用假劣兽药不仅不能治疗畜禽疾病，而且会掩盖病症延长病程，错过最佳治疗时机，贻误治疗，导致畜禽大批死亡，给养殖场（户）带来巨大的经济损失。二是产生药源性疾病，畜禽长期或大量使用假药后，会使畜禽产生药源性疾病。三是影响畜禽生产性能，可能会产生畜禽生长缓慢，肉蛋奶产量降低。四是产生中毒，有些畜禽对一些毒性较大的药物敏感，一旦使用可能导致畜禽死亡。五是危害人体健康，有些假兽药毒性大，在畜禽体内残留量高。人们一旦使用这些残留有害的畜禽产品，危害人体健康。此外，假劣兽药还会影响兽药企业的名誉。

16. 怎样分辨假劣兽药?

对于假劣兽药，可以从生产企业的资质、包装及标签说明书内容、外观性状等方面进行辨别。

首先，查看生产企业兽药GMP证书、兽药生产许可证以及产品批准文号，以上信息有条件的养殖户可以通过中国兽药信息网查询，也可以向生产企业或经销商索取。不具备上述条件的厂家生产的兽药，根据《兽药管理条例》中对“假兽药”和“劣兽药”的界定应为假药。

其次，查看兽药包装及标签是否规范。兽药包装必须贴有标签，注明“兽用”字样，并附有说明书。标签或说明书上必须注有注册商标、兽药名称、规格、企业名称、产品批号和批准文号、主要成分、含量、作用、用途、用法、用量、有效期、注意事项等。规定停药期的，应在标签或说明书上注明。兽药包装内应附有产品质量检验合格证。无合格证的不得出厂，兽药经营单位不得销售。

再次，从外观性状识别变质兽药。对未超过有效期的兽药，若出现下列情形，说明已变质，不能使用。水针剂若出现色点、白点、白块、玻璃胶片、浑浊、纤维，药物氧化分解变色变质，有些药物遇冷时析出结晶加热不溶解，浑浊或有絮状物等情形，不能使用。粉针剂若出现变色、色点、潮解、结块等现象，应抽检进一步检查合格后方可使用。白色药片颜色变黄、变深、出现花斑、发霉、松解、表面粗糙、凹凸不平、潮解等；糖衣片表面褪色、糖衣层裂开、发霉者。如维生素片，由白色变成浅黄色，痢菌净片由黄色变成黄棕色，说明有效成分已被空气氧化变质。散剂、粉剂、预混剂和原料药若出现受潮结块严重，变色现象，表明药品质量发生变化。

第四，查看兽药产品是否超过有效期。超过有效期的兽药即可判为劣药。

第五，查看是否属于淘汰兽药和国家禁止使用的兽药。中华人民共和国农业部公告第 839 号规定了淘汰兽药品种目录，中华人民共和国农业农村部公告第 250 号规定了食品动物中禁止使用的药品及其他化合物。

第六，从价格上识别。俗话说，便宜无好货。如果某个厂家的产品比其他厂家的同类产品价格低很多，这样的产品要多加疑问。

17. 畜禽养殖用药误区主要有那些?

(1) 滥用抗生素

现在许多养殖户（场）只要畜禽出现疾病症状，不根据具体情况对症治疗，就盲目使用和滥用抗生素。抗生素的使用，一定要在兽医师的指导下，科学的、合理的、针对性的使用。

(2) 随意配伍，任意加量

有的养殖户（场）因缺乏相应的兽医专业知识，对疾病的判断没有把握，遇到疑难病症时，经常采用下“大包围”的办法，多种抗生素联合，再加上糖皮质激素类、退烧药、胃肠促动力药同用，一次注射20多毫升，仍担心剂量不够，往往还在饲料和饮水中再加上几种抗生素，才觉得保险。这样的治疗轻则加重病猪的代谢负担，导致肝、肾功能损害，重则因为药物配伍不当直接导致病猪死亡。在药物配伍使用上，要遵循“少而精”的原则，用最少的药、最安全的方式，取得最佳的治疗效果。

(3) 违法违规使用原料药

有的养殖户（场）在疾病防控中直接使用原料药。一是养殖过程直接使用原料药违反《兽药管理条例》。二是原料药在饲料中很难混合均匀，容易造成畜禽药物中毒或收不到预期效果。三是有的原料药不适合口服添加，比如青霉素，口服后被胃酸破坏效价降低，起不到治疗效果。四是使用成品制剂药比原料药效果好，有的制剂中的辅料不单是对原料药的稀释，还起到助溶、调节酸碱平衡、促进吸收或吸附毒物的作用。同时原料药对贮藏条件要求极其严格，保存不好很快失效。

(4) 急于求成和长期用药

养殖户（场）在临床治疗中容易出现两种误区，一是急于求成，追求“一针见效”，如果治疗1~2天没有明显好转，立即换药，这样周而复始，盲目撞大运；二是迷信“要想身体好，全靠药来保”，长期、大量添加治疗性药物，如阿莫西林、氟苯尼考等。这些都是缺乏兽医专业知识导致，要知道疾病的发生、发展和转归有其特定的时间性，只要找准了病因，针对性用药，用够疗程，一般的疾病都会得到很好的治疗效果。

(5) 轻防重治

有些养殖户（场）为了节约成本，抱着侥幸心理，不按照正常程序进行疾病预防，不按时打疫苗或者不打疫苗，使本场猪群处于风险暴露之中，往往导致传染性疾病的爆发。畜禽健康养殖立足“养重于防、防重于治”的理念，遵循“科学养殖、科学防治”的原则。

18. 如何规范用药?

合理规范使用兽药，不仅能及时预防和治疗动物疾病，提高养殖户（场）养殖效益，而且对控制和减少药物残留、提高动物产品品质具有重要意义。

购买优质兽药。选择到正规兽药经营企业购买。购买时，须认真查看兽药的通用名称、成分及其含量、规格、生产企业、产品批准文号，进口兽药注册证号、产品批号、生产日期、有效期等。杜绝购买假劣兽药。

合理规范使用兽药。畜禽养殖户（场）应准确诊断病因，依据病因制定治疗方案，严格遵循兽药说明书和兽医处方笺要求，合理、规范使用兽药。应摒弃随意加大剂量、乱用抗菌药、简化治疗流程等陋习，杜绝直接使用抗菌药原料药、食品动物养殖中使用国家规定的禁用药物和停用药物、人用药等违法违规行为。同时，应建立健全兽药使用台账，做好痕迹管理。

科学存放兽药和按时淘汰兽药。兽药存放须遵循兽药使用说明书，要求密封的坚决密封，提示避光的坚决避光，有冷藏冷冻要求的严格执行温控标准，确保存放科学、合理，确保兽药质量在存放期的安全有效。按时淘汰过期、变质、失效的兽药；不得随意乱扔乱丢，按照相关要求进行销毁。